# 電気回路・システム入門

工学博士 斎藤 正男 著

コロナ社

# まえがき

　電気回路の理論は電気工学一般の基礎としてきわめて重要である。また電気回路理論は簡単明瞭であり，力学，熱，輸送，社会現象など，広い範囲のシステムを表現し解析するために利用される。電気系の学生は電気回路を深く勉強し，電気現象を実感つきで理解し，計算能力も備える必要がある。また電気系以外の広い専門範囲の学生は，電気回路の基礎を理解すれば，それぞれの分野で知識を深めることができる。

　電気回路理論は広く工学一般に応用されるものであり，工学システム理論の基礎として位置づけられるべきものである。その一方では，従来どおりに電気回路自体の計算を重視した講義も行われている。現在多くの大学の講義は，この二つの流れの妥協点を探りつつ進んでいる。

　著者は上記のような電気回路講義の変革期を含み数十年間，十校近くの短大，学部，大学院などで電気回路，システム理論の講義を担当した。講義の志向するところは大学ごとにさまざまであるが，学生の基礎学力，意欲，進路もさまざまであり，教師の主義主張だけで講義をしても学生はついてこない。広い範囲の学生に対応できる教科書が必要であると感じてきたが，今回コロナ社のご理解により世に問うこととなった。

　この教科書は，学力の低い学生は自習に使い，また意欲ある学生は考えることを学び，高度の理論の入り口まで進む形にしてある。13章に分かれているが，1章を1コマの講義というのではなく，学生の学力や他教科との関連を考えて，各章・節の中でも内容を取捨選択して講義し，例題を試みるようにお願いする。

　章末の演習問題も，だいたいにおいて易しいものから難しいものへ並べてあり，学力に応じて選んでほしい。著者は，問題の意味を考えずに計算能力を鍛

える方式には賛成しない。各章末の演習問題だけでも理解に十分だと考える。しかし種々の資格試験を目指す人たちには，並行して自分の能力に合った問題集で勉強することをお勧めする。

　なお回路素子の記号については，最近国際規格に準じて日本工業規格（JIS）が改定された。この本も原則として新記号を用いている。しかし回路理論を深く勉強する人たちは，古典の中で使われている旧記号も理解しなければならない。新旧記号の大きな相違点については，そのつど脚注で説明した。

　コロナ社の方々には出版のお世話をいただいた。ご努力に感謝するとともに，この教科書が，いろいろな意味で実力と講義のミスマッチに悩む学生諸君の役に立つことを願っている。

2006年9月

斎藤　正男

# 目　　　次

## *1.* 電気回路の基礎概念

1.1　電　気　の　流　れ …………………………………………… *1*
1.2　高 さ と い う こ と …………………………………………… *2*
1.3　流 れ の 強 さ …………………………………………… *3*
1.4　電気は仕事をする …………………………………………… *4*
1.5　電　気　抵　抗 …………………………………………… *5*
1.6　電　圧　の　性　質 …………………………………………… *6*
1.7　電　流　の　性　質 …………………………………………… *7*
1.8　エネルギーと電力 …………………………………………… *8*
1.9　電　　　　　源 …………………………………………… *11*
1.10　単位と有効数字 …………………………………………… *12*
1.11　理想化とモデル …………………………………………… *13*
演　習　問　題 …………………………………………………… *14*

## *2.* 電気回路の計算

2.1　記号と回路図 …………………………………………… *16*
2.2　抵抗の電圧・電流 …………………………………………… *17*
2.3　キルヒホッフの電流則 …………………………………………… *18*
2.4　キルヒホッフの電圧則 …………………………………………… *20*
2.5　電圧・電流の決定 …………………………………………… *21*

2.6 電力の計算 …………………………………… 23
演習問題 …………………………………………… 26

# 3. 直観的な技法

3.1 簡単な接続 …………………………………… 28
3.2 抵抗の直列接続 ……………………………… 28
3.3 抵抗の並列接続 ……………………………… 29
3.4 計算練習 ……………………………………… 31
3.5 電圧・電流が0の場合 ……………………… 33
3.6 対称性の利用 ………………………………… 35
演習問題 …………………………………………… 37

# 4. 回路方程式

4.1 グラフ ………………………………………… 39
4.2 閉路電流 ……………………………………… 40
4.3 閉路方程式 …………………………………… 41
4.4 節点方程式 …………………………………… 43
4.5 電源の問題 …………………………………… 45
4.6 電源の描き換え ……………………………… 46
4.7 解の存在 ……………………………………… 48
4.8 未知数の取り方 ……………………………… 50
4.9 平面上の回路 ………………………………… 51
4.10 木と補木 ……………………………………… 52
演習問題 …………………………………………… 53

## 5. 電気回路の性質

5.1 回路の重ね合わせ ……………………………………… 56
5.2 線 形 性 ……………………………………………… 57
5.3 重ね合わせによる計算 …………………………………… 58
5.4 鳳-テブナンの定理 ……………………………………… 60
5.5 鳳-テブナンの定理の応用 ……………………………… 61
5.6 相 反 の 定 理 …………………………………………… 63
5.7 最 小 原 理 ……………………………………………… 65
演習問題 ……………………………………………………… 66

## 6. 変化する電圧・電流

6.1 状 態 の 変 化 …………………………………………… 68
6.2 回 路 素 子 ……………………………………………… 69
6.3 キ ャ パ シ タ …………………………………………… 70
6.4 イ ン ダ ク タ …………………………………………… 72
6.5 基本式のまとめ …………………………………………… 73
6.6 過渡現象の方程式 ………………………………………… 74
6.7 微分方程式について ……………………………………… 75
6.8 微分方程式の解法 ………………………………………… 76
6.9 固 有 振 動 ……………………………………………… 78
6.10 固有振動の求め方 ……………………………………… 80
演習問題 ……………………………………………………… 83

## 7. 過渡現象の計算

7.1 初期条件 ……………………………………………… 85
7.2 過渡現象の解釈 ………………………………………… 86
7.3 重要なパラメータ ……………………………………… 87
7.4 蓄えられるエネルギー ………………………………… 89
7.5 不連続な変化 …………………………………………… 91
7.6 状態方程式 ……………………………………………… 94
演習問題 ……………………………………………………… 95

## 8. 正弦波の表現

8.1 直流と交流 ……………………………………………… 98
8.2 正弦波交流 ……………………………………………… 99
8.3 複素数 …………………………………………………… 100
8.4 複素数の計算 …………………………………………… 102
8.5 オイラーの式 …………………………………………… 104
8.6 極座標表示 ……………………………………………… 105
8.7 正弦波の複素数表示 …………………………………… 107
演習問題 ……………………………………………………… 110

## 9. 正弦波交流回路

9.1 正弦波解の意味 ………………………………………… 111
9.2 正弦波交流回路の計算 ………………………………… 113
9.3 インピーダンス ………………………………………… 114
9.4 正弦波交流回路の例題 ………………………………… 115

9.5 ベクトル図 ………………………………………………… *117*
9.6 正弦波の電力 ……………………………………………… *118*
9.7 複素数による電力計算 …………………………………… *120*
9.8 電力計算の例題 …………………………………………… *122*
演習問題 ………………………………………………………… *124*

# *10.* 相互インダクタと変圧器

10.1 コイルと磁束 …………………………………………… *127*
10.2 相互インダクタ ………………………………………… *128*
10.3 相互インダクタを含む回路 …………………………… *130*
10.4 磁気回路 ………………………………………………… *132*
10.5 変圧器 …………………………………………………… *134*
10.6 変圧器を含む回路 ……………………………………… *136*
10.7 エネルギーの授受 ……………………………………… *138*
10.8 固有振動 ………………………………………………… *139*
演習問題 ………………………………………………………… *141*

# *11.* 4端子網

11.1 4端子網とは …………………………………………… *143*
11.2 4端子網の表現 ………………………………………… *144*
11.3 $Y, Z, F$ 行列 …………………………………………… *146*
11.4 相反性 …………………………………………………… *148*
11.5 その他の行列 …………………………………………… *150*
11.6 4端子網の計算 ………………………………………… *151*
演習問題 ………………………………………………………… *153*

## 12. 電圧・電流の変換

12.1 対称分と反対称分 ……………………………… *155*
12.2 3 相 交 流 ……………………………………… *157*
12.3 3端子網と不定 $Y$ 行列 ………………………… *159*
12.4 電圧・電流と波動 ……………………………… *161*
12.5 2端子素子の場合 ……………………………… *163*
12.6 $S$ 行 列 ……………………………………… *164*
演習問題 ………………………………………………… *167*

## 13. 1次および2次の回路

13.1 1次回路の過渡特性 …………………………… *169*
13.2 1次回路の周波数特性 …………………………… *169*
13.3 伝達関数ベクトル ……………………………… *171*
13.4 周波数特性と過渡応答 ………………………… *173*
13.5 2次回路の固有振動 …………………………… *176*
13.6 共 振 現 象 ……………………………………… *178*
13.7 共振回路の周波数特性 ………………………… *180*
13.8 共振特性の鋭さと $Q$ …………………………… *181*
13.9 共振回路の計算 ………………………………… *183*
13.10 共振回路のエネルギー ………………………… *185*
演習問題 ………………………………………………… *186*

演習問題略解 ………………………………………… *188*
索　　引 ……………………………………………… *198*

# 1 電気回路の基礎概念

## 1.1 電気の流れ

　現在,電気は私たちの身近な場所でいろいろと利用されている。朝の目覚まし時計から,通学の電車,夜のテレビまで,日常生活は電気のおかげで成り立っている。これからプロになる諸君としては,電気現象を理屈や暗記で理解するのでなく,目の前でなにかが起きているという「肌で感じる」理解ができなければならない。

　**電気の流れ**　　電気の働きは,ほとんどの場合電気が流れることによって生じる。私たちは,電気を利用するときには電線(コード)をつなぐ。電線を通して電気が流れるようにするためである。電気は流れることによって仕事をする。初心者はまず電気の流れを,水の流れをイメージしながら理解してほしい。

　普通の電線は電気の流れやすい銅線でできていて,そこを流れる電気が外へ逃げていくことはない。ちょうど大地に溝を掘って水を流すようなもので,水は水路から外へ逃げ出すことはない。そして水が流れていくためには,行き止まりでは困る。上水道と下水道のようなもので,水の行く道と帰る道が必要である(図1.1)。

　電気も電力会社から流れてきて,電気器具を動かし,帰っていく。したがっ

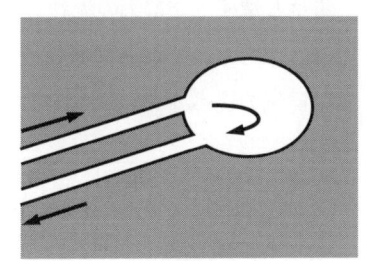

**図1.1**　流れには行きと帰りがある

て，電線は行きと帰りの2本が必要である．コードは1本のように見えるが，中には2本の電線が入っている．

**注　意**　電気が水と違うのは，プラスの電気とマイナスの電気があるということである．プラスの電気が右へ移動すると，電気は右に流れたことになる．しかしマイナスの電気が右へ移動すると，電気は左へ流れたことになる[†]．

## 1.2　高さということ

水は高い所から低い所に向かって流れる（図1.2（a））．流れには行きと帰りがあるのだが，図には流れの一部だけが示してある．高さの差が大きいほど，水は激しく流れる．

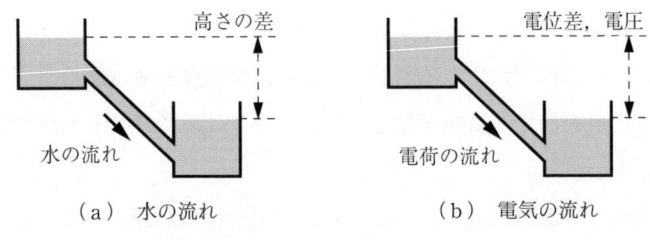

（a）　水の流れ　　　　　（b）　電気の流れ
図1.2　流れは高さの差によって生じる

高さはどのようにして測るのか．山の高さの場合には，ある地点に高さを測る基準点があって，そこから測る．しかし水の流れを決めるのは二つの水面の高さの差だから，基準点がどこにあっても差をとれば同じである．基準点がどこにあるのかにこだわる必要はない．

**電位と電圧**　電気の流れも同じである（図（b））．地図を見るとどの点にも高さがある．それと同じように，電気回路でもそれぞれの場所に高さがある．電気の高さを電位という．位は高さを意味する．高さの差が流れを決め

---

[†] 電気が流れているとき，それがプラスの電気によるものかマイナスの電気によるものかは，区別して考える必要はない．特別なことがなければ，マイナスの電気のことを忘れて，プラスの電気だけが存在するかのように考えていてもさしつかえない．もしマイナスの電気があっても，それは自動的に計算の中に入ってくる．負の数とはそういうものである．

る。高さの差を電位差，あるいは電圧という†。電位，電圧の単位は〔V〕（ボルト）である。

## 1.3 流れの強さ

水の流れはどのように表したらよいのだろうか。図1.3（a）のように川岸に立って流れを観測する。1秒間にどれだけの水量がこの断面を通過したかを調べれば，水の流れの激しさがわかる。つまり水の流れは〔m³/s〕で表される。

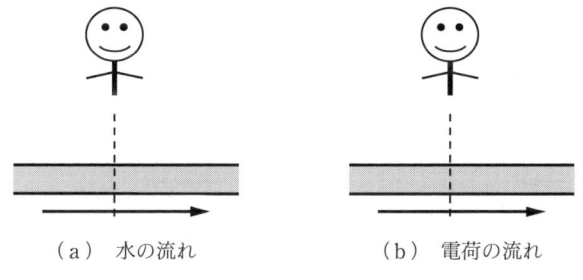

（a）水の流れ　　　　（b）電荷の流れ
図1.3　流れの強さは1秒間に断面を通過した量

**電荷と電流**　　電気の流れも水と同じである（図（b））。電気は，水やお金と同じように，現実に存在する「もの」（実体）である。電気の量を，電荷という。水の量を〔m³〕で表し，お金を円で表すように，電気の量（つまり電荷）を数字で表すことができる。電荷の単位は〔C〕（クーロン）である。電荷の流れを電流という。単位は〔C/s〕となるが，普通はそれを〔A〕（アンペア）という。

電圧と電流は，電気回路で最も基本的な量である。いつも水の流れを頭の中に描いてほしい。

**アナロジー**　　電気の流れと水の流れは，内容が違う現象であるのに，イメージや数式としては同じように考えることができる。ほかにも熱の流れや気体

---

†　電位差と電圧は，どちらを使ってもよい。使い分けるのなら，普通は電圧といい，高さを意識するときに電位差といえばよい。

分子の流れ，経済活動など，同じように考えて解析できる現象が多い。「似たものだ」とする考え方を，アナロジー（類似，たとえ）と呼んでいる。電気回路の知識は，単に電気回路の解析や設計に使うだけでなく，さまざまな現象をわかりやすく解析するために利用される。

## 1.4　電気は仕事をする

図1.4（a）を考える。崖の上は高い場所，下は低い場所で，「高さの差」がある。崖の上にあるものは，落ちることによって仕事ができる。当たれば痛いし，板で受けると音が出る。このように高い場所にあるもの（水でもよい）は，仕事をする潜在的能力をもっている。それが位置のエネルギーである。

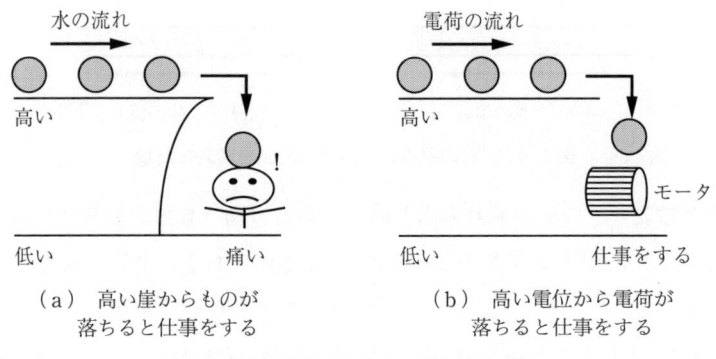

(a) 高い崖からものが落ちると仕事をする　　(b) 高い電位から電荷が落ちると仕事をする

図1.4　高い場所にあるものは仕事ができる

**電気のエネルギー**　　今度は図（b）を考えよう。図は2本の電線を示している。上の電線は，下の電線よりも高い電位にある。したがって上の電線を流れてくる電荷は，下に落ちることによって仕事ができる。例えばモータを上下の電線の間に接続すると，そこを電気が流れ，モータが回転して仕事をする。

図（a）の崖では落差が大きいほど，またものが重いほど大きな仕事ができることが理解できると思う。電気の場合も同じである。数式についてはすぐ後で学ぶ。

## 1.5 電気抵抗

図 1.2（a）をもう一度考えよう。あるパイプを通して水が流れるとき，水面の高さの差が大きいほど激しく水が流れる。つまり流れる水の量は，落差に比例する。式で表すと，つぎのようになる。

$$（落差）＝（比例定数）\times（流れる水の量） \tag{1.1}$$

この比例定数は，パイプの太さや長さによって決まる。パイプが細く長いと，同じ水を流すのに大きな圧力（つまり落差）が必要だから，比例定数は大きくなる。この比例定数は，水の「流れにくさ」，つまりパイプの「抵抗」を表している（**図 1.5**）。

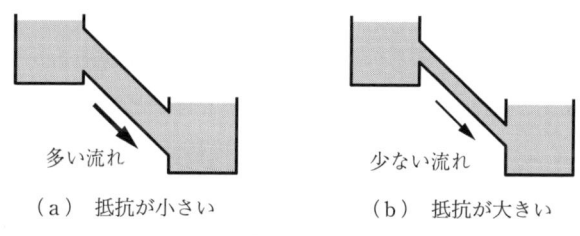

（a）抵抗が小さい　　　　（b）抵抗が大きい

**図 1.5** 抵 抗 の 大 小

**抵抗とコンダクタンス**　　電気でも同じである。電位差 $V$ と電流 $I$ の関係は，次式のような比例関係になる。

$$（電位差 \ V）＝（比例定数）\times（電流 \ I） \tag{1.2}$$

この比例定数を電気抵抗，あるいは単に抵抗という。抵抗は電流の「流れにくさ」を表す定数であり，普通は $R$ と書く。抵抗の単位は〔Ω〕（オーム）である。実際の現象では，$R$ は正の値になる。式（1.2）と同じことを記号で書くと，つぎのようになる。

$$V=RI \tag{1.3}$$

抵抗 $R$ の逆数を $G$ と書く。それは電流の「流れやすさ」を表す定数で，コンダクタンスという。コンダクタンスの単位は〔S〕（ジーメンス）である。

式で表すとつぎのようになる。

$$I = GV \tag{1.4}$$

　$G$ と $R$ は，パイプでいえば太さと長さによって決まる定数だから，電圧や電流が変わっても関係なく一定である。例えばあるモータについて，抵抗が 50 Ω だというと，電圧や電流が変わっても抵抗は 50 Ω である。

　**オームの法則**　　式 (1.3) をオームの法則という。式 (1.4) もオームの法則といってよい。

　オームの法則は要するに比例関係である。世の中では比例する現象が多い。例えば品物を買うと，代金はその数に比例する。流れがあり，比例する性質をもつ現象は，電気回路で表現し解析することができる（アナロジーという）。

　**注　意**　　水が流れるとき，普通は落差があるから水が流れると思う。しかしパイプに水を流すと，自然に圧力差ができ，水面には高低差ができるのだと思ってもよい。式 (1.3) あるいは式 (1.4) は，「電圧があるから電流が流れる」でも，「電流が流れるから電圧が生じる」でも，どちらでもよい。「どちらが原因か」にこだわらないで，柔軟に考えてほしい。

## 1.6　電圧の性質

　電圧について慣れてほしい。電位は高さ，電圧は電位の差である。どの点にも高さがある。図 1.6（a）のように，点 A の電位が 8 V，点 B の電位が 2 V

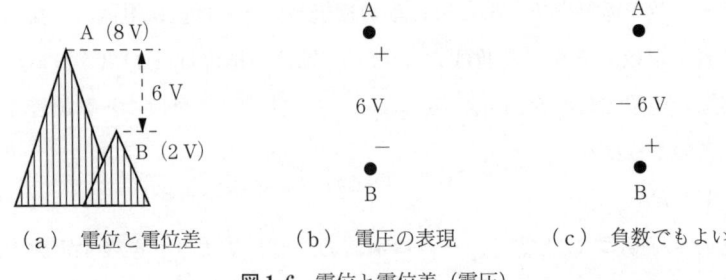

図 1.6　電位と電位差（電圧）

であると，点Aは点Bよりも6Vだけ電位が高い。

**電圧の＋と－**　これを図（b）のように書く。図の＋は相手側に比べて電位が高いこと，－は低いことを意味する。もちろん負の数を使って図（c）のように書いても同じことである。

---

**例題1.1**　図1.7（a）のように3本の電線があり，電線AB間，BC間の電圧を調べたら，図のようになった。電線AC間の電圧はいくらか。

---

【解答】　「どれがどれより高い，低い」とあれこれ考えない。山に登るように，ある点から出発して一歩ずつ登る。AC間の電圧を求めるには，Cから（Aでもよい）出発し，高低差のわかっている路をたどる。CからBへは2Vの下り，そしてBからAへは6Vの上りだから，結局4Vの上りになり，答は図（b）になる。　◆

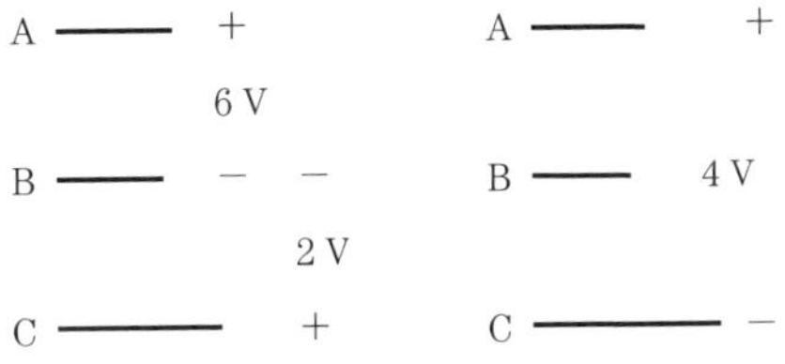

```
A ─── +              A ─── +
       6V
B ───  ─ ─           B ───  4V
       2V
C ───  +             C ───  ─
   （a）問題            （b）解答
              図1.7
```

## 1.7　電流の性質

電流は電気（正確には電荷）の流れである。電荷は実際に存在する「もの」であり，理由なく発生したり消えたりはしない。図1.8（a）のように水が流

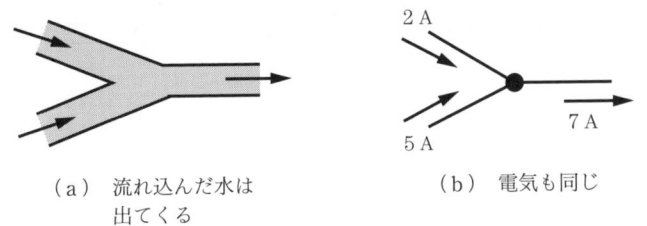

（a）流れ込んだ水は　　　（b）電気も同じ
　　出てくる

図1.8　流れの性質

れるとき，接続点に流れ込む水の量と流れ出る水の量は，同じになるはずである（一時的に水を溜めたり出したりする貯水槽は存在しないとしている）。

**電流のバランス**　電気回路も同じである。図（b）のように電線が接続されているとき，水の流れとまったく同じように考える。接続点に左から流れ込む電流が 2 A，5 A であれば，右へ流れ出る電流は 7 A でなければならない。

---

**例題 1.2**　図 1.9 のように箱の中では抵抗が接続されており，そこへ 4 本の電線が接続されている。その中の 3 本について電流を測定したところ，図のような値が得られた。第 4 の電線にはどのような電流が流れるか。

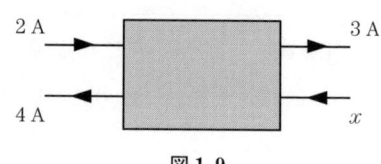

図 1.9

---

**【解答】**　第 4 の電線から流れ込む電流を $x$ とする。この箱に流れ込んだだけの電流が流れ出るはずである。したがってつぎのようになる。

$$2+x=3+4 \quad \therefore \quad x=5 \text{ A} \tag{1.5}$$

◆

## 1.8　エネルギーと電力

もう一度仕事について考えよう。図 1.4（b）を考える（**図 1.10**（a）に再

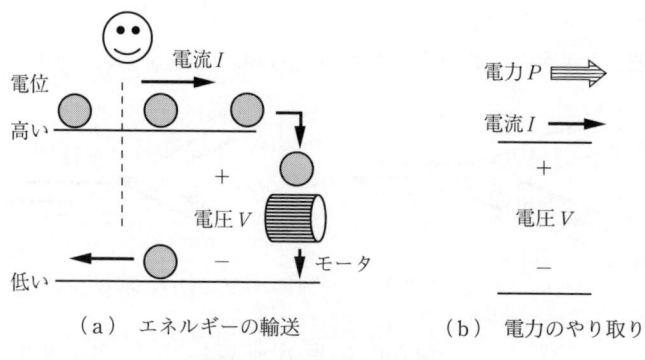

（a）エネルギーの輸送　　　　（b）電力のやり取り

図 1.10　エネルギーと電力

## 1.8 エネルギーと電力

掲，崖を電線に描き直す）。高い場所（電位）にある電荷は仕事をする能力（エネルギー）をもっており，それが電位の低い場所に落ちてくるときに，モータを回すという仕事をする。

**エネルギー**　崖の上にあるボールがもつエネルギーは，崖が高いほど，またボールが重いほど大きい。まず感覚として理解してほしい。それから数値を考えよう。

崖の高さが2倍になれば，半分ずつに分けて落とせば2倍の仕事ができる。同じボールが2個あれば，落ちたときに2倍の仕事ができる。細かな議論をしなくても，ボールのもつエネルギーが，高さと重さの積に比例することが理解できると思う。

電気の場合も同じである。高さに相当するのは電圧 $V$ であり，重さに相当するのは電気の量（電荷）$Q$ である。つまり電位の高い場所にある電荷は，エネルギー

$$W = VQ \tag{1.6}$$

をもっている。電気では単位が便利にできていて，比例定数は1になる。エネルギーの単位は，力学や熱と共通で〔J〕（ジュール）である。

**電　力**　いま図1.10（a）のように，崖の上をボールがつぎつぎと運ばれてくるとしよう。ボールはエネルギーをもって移動する。流れを崖の上の1点で観測して，通過するボールを数えれば，どのくらいの勢いでエネルギーが運ばれていくかがわかる。

電気でも同じである。ボールではなく電荷が運ばれる。1秒当たりに流れる電荷が電流 $I$ だから，1秒当たりに運ばれるエネルギーを $P$ とすれば，式(1.6)からつぎのようになる（図（b））。

$$P = VI \tag{1.7}$$

$P$ を電力という。単位は当然〔J/s〕であるが，これを〔W〕（ワット）という。

電力は1秒当たりに運ばれるエネルギーだから，電力からエネルギーを求めるには，電力に時間を掛ければよい。

$$W = PT \tag{1.8}$$

ここで $T$ は考えている時間長である。電力の単位としてワットをよく使うので，エネルギーをジュールでなく，〔W·s〕（ワット·秒）で表すことがある。実際の問題では，この単位は小さすぎるので，〔W·h〕（ワット·時）を使うこともある。

**抵抗と電力**　図 1.10（a）で，上側の電線を電荷がつぎつぎと運ばれ，崖から落ちて仕事をすると思ってほしい（図には描いてないが，仕事をしたボールは，下側の電線を通って帰っていく）。式（1.7）にあるように，毎秒「(電圧)×(電流)」だけのエネルギーが，この 2 本の電線によって左から右へ送られ，モータはそれを受け取る（図（b））。受け取ったエネルギーがどうなるかは，受け取った機械のほうの問題である。自動車を動かすかもしれないし，熱になって料理を温めるかもしれない。電気回路ではそれを問題にしない。

もしモータの抵抗 $R$ がわかっていたら，オームの法則

$$V = RI \quad \text{あるいは} \quad I = GV \tag{1.9}$$

と組み合わせて，つぎのようにも書いてもよい。

$$P = RI^2 = \frac{V^2}{R} \tag{1.10}$$

あるいは

$$P = GV^2 = \frac{I^2}{G} \tag{1.11}$$

これらの式を覚える必要はない。最初の式（1.7）さえわかっていれば，オームの法則を使って導くことができる。

ここで電力が電圧や電流の 2 乗に比例することに注意してほしい。ある電気機器を使用しているとき，電源電圧が変化すると電力は大きく変化する。

---

**例題 1.3**　電圧 100 V で使用する電力 200 W の電気器具 A と，200 V で使用する電力 400 W の電気器具 B がある。どちらの抵抗が大きいか，計算せよ。

**【解答】** 式 (1.7) から電流を計算すると，どちらも 2 A となる。つぎにオームの法則から抵抗を計算すると，それぞれ 50 Ω，100 Ω となる。つまり B のほうが A よりも抵抗が大きい。

上のように丁寧に計算すれば様子がよくわかるが，抵抗を計算するだけでよければ，式 (1.10) の $P = V^2/R$ を使って，直接に抵抗を求めてもよい。

◆

## 1.9 電　　　源

前に戻って図 1.2（a）を眺めてほしい。水が流れると上の水槽の水が減り，そのままでは一定の流れを維持することができない。流れを維持するためには，だれかが下の水槽から上の水槽へ水を汲み上げなければならない。

電気でも同じで，電位の高い側の電線から電流が流れてくると思っているが，だれかが電荷を補充しなければ一定の電流は流れない。電荷を補充するのは，電力会社の発電機や，家庭にある電池の仕事である。

**2 種類の電源素子**　このように電荷を供給する機械を，電源と呼んでいる。実際にはいろいろ複雑な電源があるが，電気回路では，つぎの 2 種類の電源素子を考える。

・(理想) 電圧源：外部の接続状態と関係なく，決まった電圧を発生する。
・(理想) 電流源：外部の接続状態と関係なく，決まった電流を発生する。

以下この本では「理想」を省略する。水の流れにたとえると，電圧源は**図 1.11（a）**のように，だれかが高い位置にある水槽に水を運んで，水面の高さを一定にしているのだと思えばよい。電流源は，図（b）のように，水車が水をかき送っているのだと思えばよい。厳密にこのとおりの電圧源や電流源は実際には存在しな

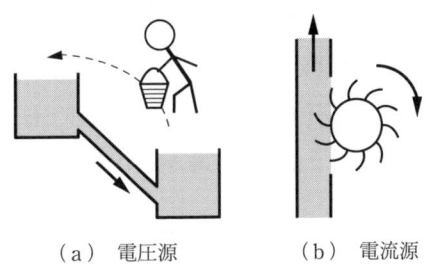

（a）電圧源　　　（b）電流源

**図 1.11**　2 種類の電源

いが，それに非常に近い機械や部品は存在する。

**直流回路**　電源が上のような一定値であれば，回路が動作を始めてしばらく経つと，電圧や電流は一定になるだろう。1章から5章までは，そのような落ち着いた状態を想定して，電圧，電流は時間に関係なく一定の値だとする。そのように考えたとき，回路を直流回路という。

## 1.10　単位と有効数字

**接頭語**　電気では，単位について $10^3$ ごとの接頭語をよく使う。とりあえずつぎのものを覚えてほしい。

$10^3$=k（キロ），$10^6$=M（メガ），$10^9$=G（ギガ），$10^{12}$=T（テラ）

$10^{-3}$=m（ミリ），$10^{-6}$=$\mu$（マイクロ），$10^{-9}$=n（ナノ），$10^{-12}$=p（ピコ）

計算をするときには，これらの記号を積極的に使用したい。いちいち 10 の何乗としないで，k×k=M，n×M=m などと計算してほしい。例えば 20 kΩ の抵抗に 5 μA の電流が流れるとき，生じる電圧は，20 k×5 μ=100 mV あるいは 0.1 V となる†。

**数値の表示**　工学のプロとしては，最終結果に 3/5 といった分数や，π などの記号をそのまま残してはいけない。いつも実数値に直し，それが常識的な値であるかどうかを考えてほしい。

また実際問題では必ず誤差があるから，むやみに数字を並べてはいけない。特別な理由がなければ，有効数字を3桁程度に止める。1 200 V と書くと，有効数字が4桁だということになるから，1.20 kV とする。精度が2桁しかなければ，1.2 kV と書く。

精度と有効数字はいつも意識してほしい。例えばメータが4桁を示していても，その2桁しか意味がないのかもしれない。

---

† 計算ではこのようにするが，厳密には，k や m は本来の単位の前に付けたときに意味をもつので，単独で使ってはいけない。正式の書類では，きちんと kΩ，mV などと書かなければいけない。

## 1.11 理想化とモデル

ここまでに気がついた人がいると思うが，電圧源，電流源，抵抗など，いずれの素子についても，大事な性質だけに着目して問題を簡単にしている。例えば実際の乾電池は電圧源に近い性質をもち，だいたい一定の電圧を発生するから，回路では電圧源として描くことが多い。しかし実際の電池は，大きな電流を流すと電圧が下がってしまい，電圧は一定ではない。

実際の抵抗にはオームの法則が精度よく当てはまるが，それでも大きな電流を流すと，消費エネルギーが熱に変わり，温度が上昇していくらか抵抗値が変わる。また抵抗には小さい雑音が存在するから，非常に小さな電圧や電流を測定することは難しい。

**簡単化・理想化**　厳密には，実際の素子はこの章で説明した素子と違う。しかし細かな事情をすべて考えに入れると話が複雑になるだけで，「要するになにが起きているのか」よくわからない。ある程度は簡単に割り切って計算を進めたほうがよい。電気回路以外でも，このように簡単化・理想化の考え方は多い。どのような例があるか考えてほしい。

**モデル**　図1.12は，実際の回路（a）と，それを理想化した回路（b）の関係である。(b) は (a) のモデルであるという。われわれはモデルについて計算をする。それは実際の回路についての計算ではない。したがって厳密にいえば，(b) についての計算結果が実際の (a) と正確に合う保証はない。重要な条件をモデルの中で考慮するのを忘れると，結果が合わないかも

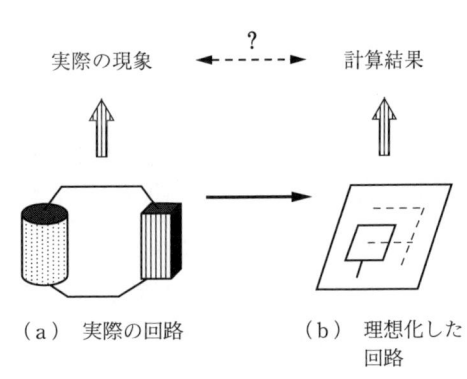

図1.12　理想化とモデル

しれない。

そうはいうものの，電気回路では計算がよく実際の現象に合致し，また考え方もすっきりしている。したがって電気以外の工学の問題にも，電気回路の考え方が応用される。電気回路の計算は非常に便利で実際と合うから，ついモデルということを忘れてしまうが，ときには思い出すことが必要である。

## 演 習 問 題

(1) 道路工事で「高圧電流に注意」とよく書いてある。これは間違っている。どう書き直せばよいか。

(2) 身の回りの電気器具について，電圧，電流，電力，抵抗がどのような値であるかを調べよ。

(3) 3 kV の電圧源に 10 MΩ の抵抗を接続すると，流れる電流はいくらか。電力はいくらか。

(4) 雷が落ちたときに流れる電荷は 1 C 程度だという。この電荷が 1 s で流れると電流はいくらか。また 1 μs で流れると電流はいくらか。これらの電流が 10 Ω の抵抗を通過するとき，発生するエネルギーはそれぞれいくらか。

(5) 電圧 100 V で使用するとき電力 500 W の電気器具がある。これを 90 V で使用すると，電力はいくらになるか。

(6) 抵抗 80 Ω に 200 V の電圧をかけて電流を流し，熱を発生させる。この熱で 0.5 $l$，20°C の水を 100°C まで温めるのにどれだけの時間が必要か。

(7) 日常生活での電流を考えると，1 C の電荷はたいして大きくないように思われる。しかし +1 C の電荷と -1 C の電荷が 1 m の距離にあるとき，たがいに引き合う力は，重力に対して何 kg の物体をもち上げられるか，電磁気学の知識を参照して計算せよ。

(8) 銅 1 m$l$ の中には，$1.69 \times 10^{23}$ 個の自由電子が存在する。直径 1 mm

長さ1mの銅の電線の中には，何個の自由電子があるか。いまこの電線を1Aの電流が通過し，自由電子が銅線の両端から出入りするとき，銅線の中の自由電子の何%が毎秒流出・流入するのか計算せよ。なお自由電子1個の電荷は，$-1.6\times10^{-19}$ C である。

# 2 電気回路の計算

## 2.1 記号と回路図

**回 路 図**　回路を図に描かなければならない。この本では，素子を図 2.1 の記号で表す。電圧源には＋，－を，また電流源は矢印で電流の向きを示すとよい。もちろん逆の向きにして，負の数を用いてもよい。下書きやメモのときは雑に書いてもよいが，正式の書類は正確に描いてほしい[†]。

（a）電圧源　（b）電流源　（c）抵　抗　（d）接　続　（e）非接続　（f）非接続

図 2.1　回路図の記号

**導線と接続**　電線（導線という）は実線で書く。実線の交点が電気的に接続しているときには，図（d）のように黒丸を入れる。図（e）のように図上で交差しているだけの導線は，接続していないことになる。念を入れて接続していないこと示すには，図（f）のように半円で飛び越える。

導線には，普通は銅の線を使う。銅の抵抗は非常に小さいから，普通に出会う電流や抵抗値の範囲では無視してよい。抵抗が 0 であるとすれば，いくら電

---

[†] 旧記号では，電圧源，電流源，抵抗の記号はそれぞれ ⊣⊢　⊖　⌇⌇⌇ である。

流が流れても導線には電圧は生じないし，導線で接続された部分は同じ電位になる．

以上の約束のもとで回路図を描く．なるべく素子は縦向きか横向きに並べ，接続しない導線は図上で交差しないように描く．例として，**図2.2**（a）のような実際の回路の回路図を描くと，図（b）のようになる．導線には抵抗がないから，どのように変形して描いても同じことである．見やすいように描けばよい．

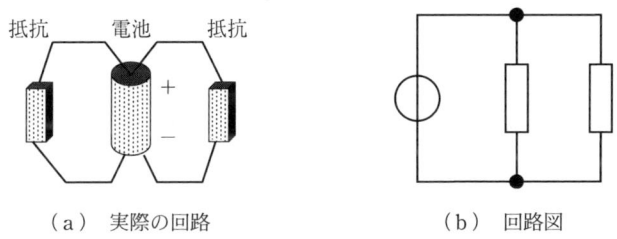

（a）実際の回路　　　　　（b）回路図

図2.2　回路図の例

## 2.2　抵抗の電圧・電流

**オームの法則**　　前章で説明したように，抵抗に生じる電圧，電流はオームの法則に従う．**図2.3**（a）の抵抗について，電圧 $V$，電流 $I$，抵抗 $R$ の間の関係は式（2.1）で与えられる．

$$V = RI \tag{2.1}$$

図（a）では，電圧は $4\,\Omega \times 2\,\mathrm{A} = 8\,\mathrm{V}$ となる．電圧の記号＋は，記号－の

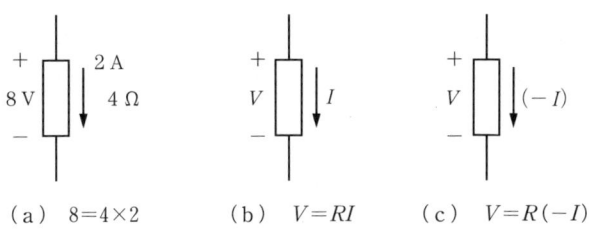

（a）　$8 = 4 \times 2$　　　（b）　$V = RI$　　　（c）　$V = R(-I)$

図2.3　抵抗の電圧，電流

18　2. 電気回路の計算

点より電位が高いことを意味する。崖の上だと思ってほしい。水は高い点から低い点に向かって流れる。電流の矢印もそうで，電圧の＋から－に向かって流れる。水の流れをイメージして，この関係をしっかり頭に入れてほしい。

**電圧・電流の向き**　問題を解くときには，本当はどちらの電位が高くて，電流がどちら向きに流れるのか，計算してみなければわからない。図（b）のように抵抗について未知数を設定するときには，電圧，電流のうち一つは勝手に決めてよいが，他の一つは，必ず電流が電圧の＋から－に向かって流れるように設定する。

抵抗については，この原則を厳密に守ってほしい。「逆向きに付けたから式のここを－にして…」などと考えるのは，間違いの元である。どうしても原則と違う形で未知数を仮定するときには，図（c）のように未知数に－を付け，必ず原則のとおりに，電流の矢印は電圧の＋から－に向かうように設定する。あとはそのことを忘れて，オームの法則を使って計算すればよい。

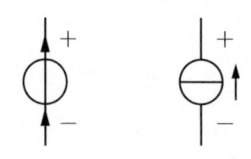

(a)　電圧源　　(b)　電流源

図 2.4　電源の電圧, 電流

電源素子については，どのように符号や向きを設定しても間違いにはならない。しかし電源は電流を流そうと思っているのだから，その気持ちを汲んで，図 2.4 のように，電流が電圧の＋側から出て，－側に帰るように設定するのが自然である。しかしこれにこだわる必要はない。

## 2.3　キルヒホッフの電流則

**電流のバランス**　図 2.5（a）の回路について，電流の関係を式に表してみよう。電流は電荷の流れであり，水と同じように，理由なく消えたり湧き出したりはしない。ある領域を設定して，そこに出入りする電流を調べると，入っただけの電流は出てこなければならない。

図（b）のように未知電流を変数に設定して，それぞれの接続点について電流の出入りを調べる（流れ込む電流を左辺，流れ出る電流を右辺に書いた）。

2.3 キルヒホッフの電流則    19

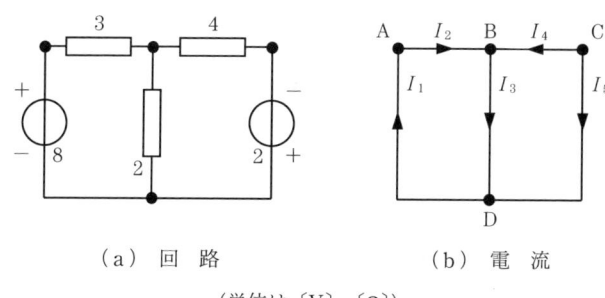

(a) 回　路　　　　　　(b) 電　流

(単位は〔V〕，〔Ω〕)

図2.5　回　路　例

点Aについて　　$I_1 = I_2$
点Bについて　　$I_2 + I_4 = I_3$
点Cについて　　$0 = I_4 + I_5$　　　　　　　　(2.2)
点Dについて　　$I_3 + I_5 = I_1$

**必要な式の数**　　ここで式を眺めてほしい。上の三つの式の両辺を足し合わせると，4番目の式が（左右が逆になるが）出てくる。それはなぜだろうか。個々の接続点で出入りが合計0なのだから，4個の接続点全体でも出入りは合計0である。A，B，Cの三つの点で合計0なのだから，Dについては，調べなくても出入りは合計0である。（テーブルを囲んで，4人が麻雀かカードゲームをしていると思ってほしい。勝ち負けに応じて点数をやりとりするのだが，4人のうち3人が損得なしだったとすると，4人目の人だけが儲けたということはありえない。）

あるいはつぎのように考えてもよい。個々の電流は，必ずどこかから出てどこかに入る。したがって左辺に1回，右辺に1回出現する。つまり上の三つの式があれば，第4の式は自動的に決まる。

このようなわけで，回路に接続点が$n$個あるとき，電流の出入りの式は，そのうちの$(n-1)$個の点について作ればよい。最後の点についての式は自動的に成立する。

**キルヒホッフの電流則**　　式(2.2)のように，1点に出入りする電流の釣合いを表現する式を，キルヒホッフの電流則という。それぞれの点で電流が全

部流れ込むことにし,流れ出る電流には−符号を付けて合計すれば,結果は0
になるとしてもよい。

それぞれの点で出入りの合計が0であるから,いくつかの点をまとめて一つ
の領域を作っても,出入りは合計0である(例題1.2)。

## 2.4 キルヒホッフの電圧則

同じ図2.5(a)の回路について,電圧の関係を考えてみよう。電流を図
2.6(a)のように仮定したから,それぞれの抵抗の電圧は,電流が+から
−に向かって流れるように書く。初心者のうちは,一つの図の上に重ねて書か
ないで,できるだけ別の図に描いてほしい。電圧は図(b)のようになる。

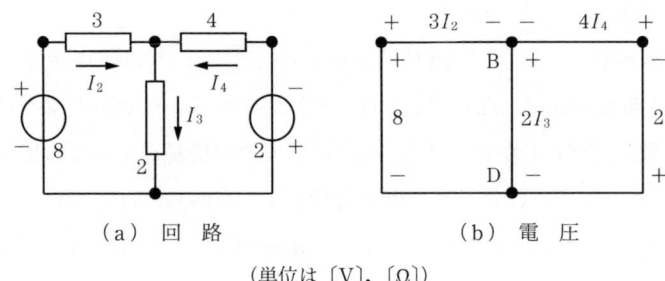

(a) 回 路　　　　　(b) 電 圧

(単位は〔V〕,〔Ω〕)

図2.6　回　路　例

**電位は高さ**　　電圧は電位の差(高さの差,+の点が−の点より高い)を示
している。高さは地点を決めれば1通りに決まる。山に登るとき,登山路を変
えても頂上の高さが変わることはない。

いま点Dから点Bまで上ることにする。左,中,右の3通りの路がある。
それぞれについて上りを+,下りを−にして合計すると,点Dから点Bまで
に上る高さになる。計算すると,つぎのようになる。

$$
\begin{aligned}
&\text{左側の路} \quad 8-3I_2 \\
&\text{中央の路} \quad 2I_3 \\
&\text{右側の道} \quad -2-4I_4
\end{aligned} \tag{2.3}
$$

これらは同じでなければならない。つまり電圧についてつぎの式が成り立つ。
$$8-3I_2=2I_3=-2-4I_4 \tag{2.4}$$

**キルヒホッフの電圧則**　このように2点間の電位差を計算し，どの路を通っても同じだという式を作ると，電圧の関係式ができる。これをキルヒホッフの電圧則という。

## 2.5　電圧・電流の決定

これで図2.5（a）の回路について式がそろった。まとめるとつぎのようになる。

$$\begin{aligned}I_1&=I_2\\ I_2+I_4&=I_3\\ 0&=I_4+I_5\\ 8-3I_2&=2I_3=-2-4I_4\end{aligned} \tag{2.5}$$

未知数は5個の電流である（電圧も未知数だが，電流で表されたから数えない）。一方，方程式は，電流則から3個，電圧則から2個（見かけ上1個だが，等号＝が2個あるから，式は2個になる）である。未知数と方程式の数が同じだから，これを解いて未知数を求めることができる。計算はパソコンに任せてもよいが，一度はぜひ自分で解いてみてほしい。

答はつぎのようになるはずである。

$$I_1=2\text{ A},\quad I_2=2\text{ A},\quad I_3=1\text{ A},\quad I_4=-1\text{ A},\quad I_5=1\text{ A} \tag{2.6}$$

**結果と検算**　回路の計算をしたときには，「できたできた」でなく，必ず検算をしてほしい。いまの答を図に書き込むと**図2.7**のようになる。電流と電圧は別々の図にしてほしい。電流，電圧が，キルヒホッフの法則のとおりになっていることを確かめてほしい。

まだわからないことがあるかもしれない。勉強が進むと，さらに疑問が出てくるはずだ。しかしここまでの説明がわかったら，どんどん式を作って計算し

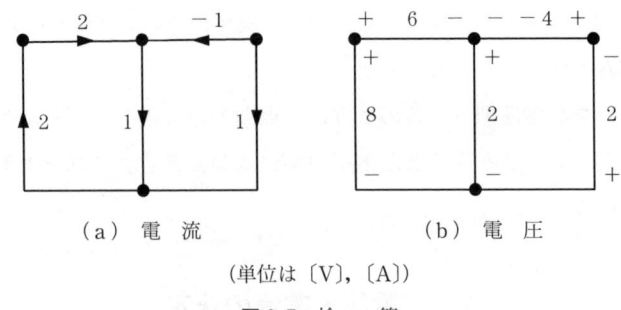

(単位は〔V〕,〔A〕)

図2.7 検 算

てほしい。

**例題2.1**　図2.8(a)の回路について計算し,電圧源から流れ出る電流を求めよ。

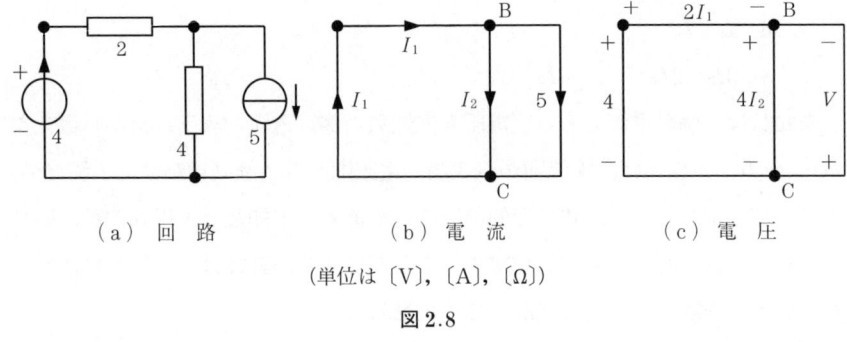

(単位は〔V〕,〔A〕,〔Ω〕)

図2.8

【解答】　各部の電流を図(b)のように仮定する。少し慣れたら,4Vの電圧源と2Ωの抵抗を流れる電流は等しいはずだから,共通の未知電流$I_1$にすればよい。電流源の電流はわかっているから,未知数にしない。電流の出入りを点Bについて書くと,つぎのようになる。

$$I_1 = I_2 + 5 \tag{2.7}$$

各部の電圧を書くと,図(c)のようになる。電流源の電圧はわからないから$V$と書く。点Cから点Bへの電圧の式を作ると,つぎのようになる。

$$4 - 2I_1 = 4I_2 = -V \tag{2.8}$$

上の二つの式を解くと，つぎの答が得られる。

$I_1 = 4$ A,　　$I_2 = -1$ A,　　$V = 4$ V　　　　　　　　(2.9)

求める電流は，$I_1 = 4$ A である。図 2.8（b），（c）に結果を書き込んで，検算をしてほしい。　◆

---

**例題 2.2**　図 2.9（a）の回路について，点 B と点 C の間の電圧を求めよ。

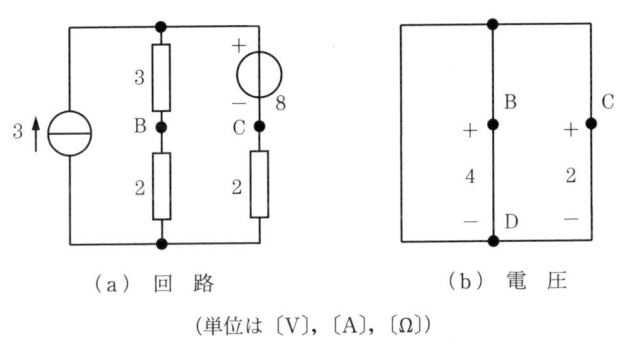

(a) 回　路　　　　　　(b) 電　圧

(単位は〔V〕，〔A〕，〔Ω〕)

図 2.9

---

【解答】　途中の計算はいままでと同様なので省略する。いまは電圧を聞かれているので，各素子の電圧を求める。結果のうちで必要な部分を図（b）に示す。

点 B と点 C の間の電圧（つまり電位差）を求めるには，山の高さを測量するのと同じで，点 C から点 B まで高低差のわかっている路をたどりながら，上り下りを調べていけばよい。いま点 C から点 D を通って点 B に到達すると，上った分は

$-2 + 4 = 2$ V　　　　　　　　　　　　　　　　　　　　(2.10)

となる。これが点 C を－，点 B を＋としたときの 2 点間の電圧になる。　◆

## 2.6　電力の計算

**電力の輸送**　電気回路は，エネルギーを運ぶために使われることが多い。

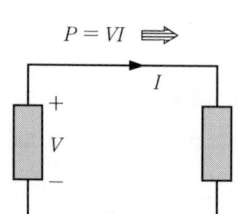

図2.10 電力の受け渡し

電位の高い場所にある電荷は，仕事をする能力（エネルギー）をもっている．したがって電荷を運ぶと，つまり電流を流すと，エネルギーを運ぶことになる．

図2.10のように電位差（電圧）$V$のある2本の導線に，図の方向に電流$I$が流れると，つぎの電力$P$が左の部分から右の部分へ運ばれる[†]．

$$P = VI \tag{2.11}$$

**エネルギーの保存**　図2.10の場合，回路の左側はエネルギーを提供し，右側が同じだけのエネルギーを受け取る．つまりあるところから提供されたエネルギーは，必ずどこかが受け取っている．電荷が「もの」であるのと同じように，エネルギー（したがって電力）も実際に存在する「もの」であり，うやむやに消えたり発生したりしない．

物理学にはエネルギー保存則という原理があり，「エネルギーがうやむやに発生したり消えたりすることはない」といっている．当然電気回路でもそうである．しかし面白いことに，ここまでの回路計算ではエネルギー保存則をまったく利用していない．つまり電気回路の計算は，オームの法則，キルヒホッフの電流則，電圧則の三つに基づいて進められ，その中でエネルギー保存則が自動的に成立する仕組みになっている．

例として，例題2.1の回路（図2.8（a））で，電力のやり取りを調べてみよう．各部の電圧，電流はすでに求められているから，それを利用する．

$$\begin{aligned} &2\,\Omega \text{の抵抗に渡される電力} = 2 \times 4^2 = 32 \text{ W} \\ &4\,\Omega \text{の抵抗に渡される電力} = 4 \times (-1)^2 = 4 \text{ W} \end{aligned} \tag{2.12}$$

電源については，+端子から出ていく電流を求めたから，乗算をすると電源が供給する電力になる．

$$\begin{aligned} &\text{電圧源が供給する電力} = 4 \times 4 = 16 \text{ W} \\ &\text{電流源が供給する電力} = 5 \times 4 = 20 \text{ W} \end{aligned} \tag{2.13}$$

---

[†] 以下では，回路の中である程度まとまった部分，あるいは素子の種類を特に指定しない部分を，長方形などを灰色にすることで表す．

合計はどちらも 36 W で等しい。つまり電源から供給された電力が抵抗に渡される。

**例題 2.3** 図 2.11 のような電圧源 4 V と抵抗 2 Ω が与えられていて，抵抗 $R$ の値は正の範囲で任意に設定できる。$R$ の消費する電力が最大になるように，抵抗値を決定せよ。そのとき電力はいくらになるか。

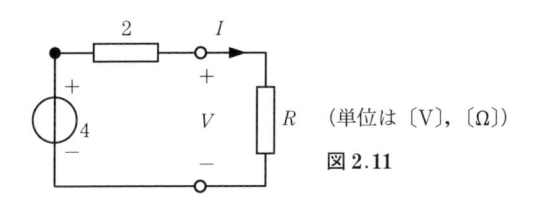

図 2.11 （単位は〔V〕，〔Ω〕）

**【解答】** 抵抗 $R$ を流れる電流を計算するとつぎのようになる。

$$I = \frac{4}{R+2} \tag{2.14}$$

したがって $R$ の消費する電力は，次式で与えられる。

$$P = \frac{16R}{(R+2)^2} \tag{2.15}$$

これを最大にするためには，$P$ を $R$ で微分して，$dP/dR=0$ とおけば $R=2\,\Omega$ となる。あるいはつぎのようにすれば，微分を使わなくても求まる。式 (2.15) を変形してつぎのようにする。

$$P = \frac{16}{R + \dfrac{4}{R} + 4} \tag{2.16}$$

$P$ を最大にするは，$R$ を調節して分母を最小にすればよい。分母の第 1 項と第 2 項が問題である。ここで「二つの数の積が一定であるとき，その和は両者が等しいときに最小になる」（長方形の面積が一定であるとき，周囲が最小になるのは正方形）ということを知っていれば，$R$ はつぎのように求められる。

$$R = \frac{4}{R} \quad \therefore \quad R = 2\ \Omega \tag{2.17}$$

なお図 2.11 のように抵抗を接続しなくても，単に端子から電流 $I$ が流れ出し，電圧が $V$ になったとして，端子から供給される電力を計算しても，同じ結果が導かれる。試みてほしい。　　◆

**有能電力**　　$R = 2\,\Omega$ のとき，$R$ の受け取る電力 $P$ は 2 W になる。これが図の 4 V と 2 Ω からなる電源回路が提供できる最大の電力である。これをこの電源回路の有能電力という。有能電力が供給される状態を整合という。

このとき内部抵抗 2 Ω の消費する電力と，外部抵抗 $R$ の受け取る電力は等しい。つまり電圧源 4 V から供給された電力の半分は，内部抵抗で消費されてしまう。

## 演 習 問 題

(1)　図 2.12 の回路で，点 A と点 B の間の電圧を求めよ。その結果が数学の内分点と似た式になっていることを確かめよ。

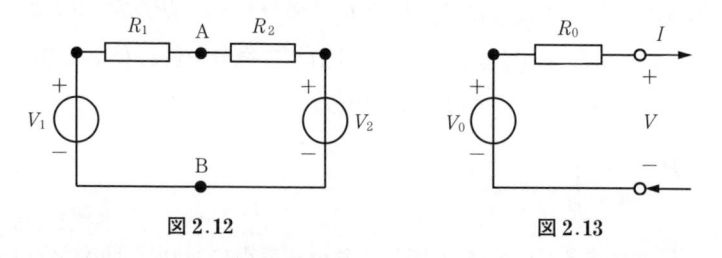

図 2.12　　　図 2.13

(2)　図 2.13 のように，電圧源 $V_0$ と抵抗 $R_0$ からできている回路がある。図に示す端子電流 $I$ が 2 A，4 A のときに，端子電圧 $V$ がそれぞれ 6 V，2 V であった。電圧源 $V_0$ の値と抵抗 $R_0$ の値を求めよ。

(3)　図 2.14 の回路から取り出すことのできる最大電力を求めよ。

(4)　図 2.15 で，2 Ω の抵抗を流れる電流が 3 A であるという。電圧源 $V_0$

図 2.14　（単位は〔A〕,〔Ω〕）

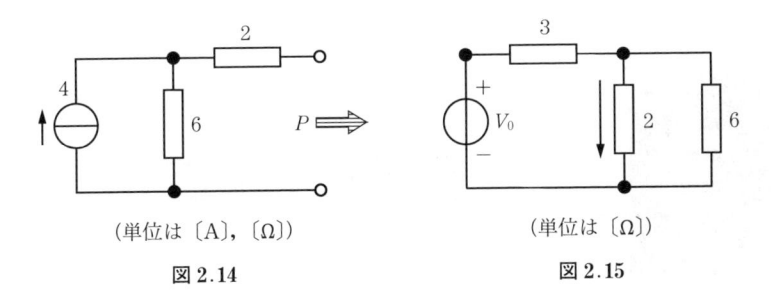

図 2.15　（単位は〔Ω〕）

の値を求めよ。

(5) 電力会社が大きな電力を長距離輸送するときには，非常に高い電圧を使う。その理由はなにか。

(6) 断面積 $S$〔m²〕，長さ $l$〔m〕の銅線の抵抗は，$1.7\times10^{-8}\times(l/S)$〔Ω〕である。直径 1 mm，長さ 50 cm の銅線の抵抗を計算し，その値がここまでに出会った素子の抵抗に比べてどの程度小さいかを考えよ。

(7) 問題（1）の結果をコンダクタンスによって書き換えよ。つぎに図 2.16 の回路について点 A と点 B の間の電圧を計算し，そのときの式の拡張になっていることを示せ。

(8) 図 2.17 の回路で，電圧源の供給する電力と電流源の供給する電力が等しいという。電圧源 $V_0$ の値はいくらか。

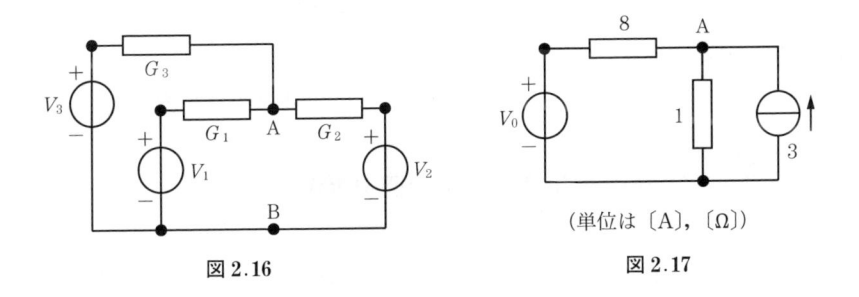

図 2.16

図 2.17　（単位は〔A〕,〔Ω〕）

# 3 直観的な技法

## 3.1 簡単な接続

2章で原則的な計算方法を学んだが，実際の回路を眺めると，簡単な接続からできていることが多い。原則どおりにしなくても，場合によって計算の近道があればそれでもよい。プロは大技・小技の両方を知ってほしい。

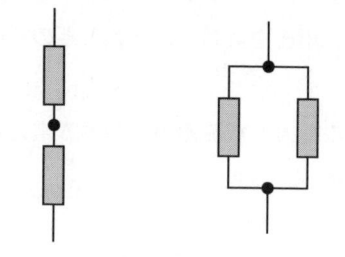

**直列と並列** まず直列接続と並列接続について学ぶ。図 3.1（a）の接続を直列接続，（b）の接続を並列接続という。素子の数が 2 個でなく，3 個以上でも同様に直列接続・並列接続を考える。素子はなんでもよいが，2 個とも抵抗である場合が最も重要である。

（a）直列接続　（b）並列接続

**図 3.1** 直列接続と並列接続

## 3.2 抵抗の直列接続

図 3.2（a）は抵抗の直列接続である。2 個の抵抗を同じ電流 $I$ が流れることに注意してほしい。また図（b）のように，全体の電圧は，個々の抵抗の電圧の和になる。

結局つぎの式が成り立つ。

$$V_1 = R_1 I, \qquad V_2 = R_2 I \tag{3.1}$$

(a) 直列接続　　（b) 電　圧　　（c) 電圧の配分

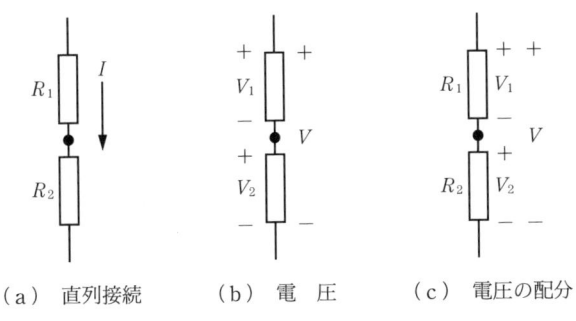

図 3.2　抵抗の直列接続

$$V = V_1 + V_2$$
$$= R_1 I + R_2 I = (R_1 + R_2) I \tag{3.2}$$

**抵抗の和**　全体を1個の抵抗 $R$ だと思えば，$V = RI$ だから，式 (3.2) と見比べて

$$R = R_1 + R_2 \tag{3.3}$$

つまり全体の抵抗 $R$ は，個々の抵抗 $R_1$ と $R_2$ の和になる。3個以上の抵抗が直列に接続されたときも，個々の抵抗の和が全体の抵抗になる。

**電圧の配分**　もう一つ大事な関係がある。式 (3.1) からただちにつぎの関係が導かれる。

$$V_1 : V_2 = R_1 : R_2 \tag{3.4}$$

つまり直列接続では，電圧は抵抗の比になる。

全体の電圧 $V$ が与えられると，個々の電圧は $V$ を抵抗の比で分けたものになる。

$$V_1 = \frac{R_1}{R_1 + R_2} V, \qquad V_2 = \frac{R_2}{R_1 + R_2} V \tag{3.5}$$

これらの式は非常に重要である。よく理解してほしい。

## 3.3　抵抗の並列接続

図 3.3 (a) は抵抗の並列接続である。2個の抵抗の電圧 V が同じであるこ

## 3. 直観的な技法

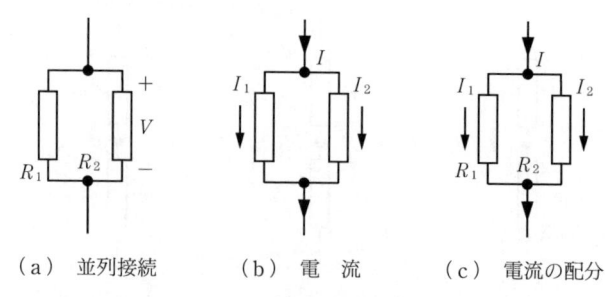

(a) 並列接続　　(b) 電流　　(c) 電流の配分

**図 3.3** 抵抗の並列接続

とに注意してほしい。また図（b）のように，全体の電流は，個々の抵抗の電流の和になる。

結局つぎの式が成り立つ。

$$I_1 = \frac{V}{R_1}, \qquad I_2 = \frac{V}{R_2} \tag{3.6}$$

$$I = I_1 + I_2 = \frac{V}{R_1} + \frac{V}{R_2} = \left(\frac{1}{R_1} + \frac{1}{R_2}\right) V \tag{3.7}$$

**抵抗とコンダクタンス**　全体を 1 個の抵抗 $R$ だと思えば，$I = V/R$ となるから，式（3.7）と見比べて

$$\frac{1}{R} = \frac{1}{R_1} + \frac{1}{R_2} \tag{3.8}$$

つまり全体の抵抗 $R$ の逆数が，個々の抵抗 $R_1$ と $R_2$ の逆数の和になる。抵抗の逆数はコンダクタンスである。個々のコンダクタンスを $G_1$, $G_2$，全体のコンダクタンスを $G$ と書けば，次式が成り立つ。

$$G = G_1 + G_2 \tag{3.9}$$

また同じことだが，式（3.8）をつぎのように理解してもよい。

$$R = \frac{R_1 \times R_2}{R_1 + R_2} \tag{3.10}$$

つまり 2 個の抵抗値の積を和で割れば，全体の抵抗値になる。これは覚えておくと便利である。しかしこの式は，3 個以上の抵抗の並列接続には使えない。2 個ずつ計算するならそれでもよい。これに対して式（3.9）は，コンダクタンスの和をとるだけなので，何個並列になっても同じように計算できる。

**電流の配分**　直列接続と同じように，電流配分の式が重要である．式(3.6)からつぎの関係が導かれる．

$$I_1 : I_2 = R_2 : R_1 = G_1 : G_2 \tag{3.11}$$

つまり並列接続では，電流は抵抗の逆比，コンダクタンスの比になる．

全体の電流 $I$ が与えられると，個々の電流は $I$ を抵抗の逆比で分けたものになる．

$$I_1 = \frac{R_2}{R_1 + R_2} I, \qquad I_2 = \frac{R_1}{R_1 + R_2} I \tag{3.12}$$

この式も実際問題では重要である．やはり抵抗値で考えると，3個以上の抵抗の並列接続の場合には使えない．しかしコンダクタンスで考えれば，何個並列になっても同じように計算できる（具体的にどのような形になるか，導いてみよ）．

**双対性**　直列接続の式と並列接続の式を見比べると，似た形になっていることがわかる．例えば式 (3.3) と式 (3.9)，また式 (3.4) と式 (3.11) の第2式は，それぞれ同じ形をしている．つまり直列接続の式で電圧と電流，抵抗とコンダクタンスを入れ替えると，並列接続の式が導かれる．このような性質は双対性（そうついせい）と呼ばれ，回路のいろいろな場面で現れる．

## 3.4　計算練習

**例題 3.1**　図 3.4（a）の回路の抵抗はいくらになるか．

**【解答】**　式 (3.9) の説明が理解できた人は，抵抗が3個になっても，コンダクタンスを加えればよいことがわかるだろう．結果はつぎのようになる．

$$\frac{1}{R} = \frac{1}{12} + \frac{1}{4} + \frac{1}{6} = \frac{1}{2}$$

$$\therefore \quad R = 2\ \Omega \tag{3.13}$$

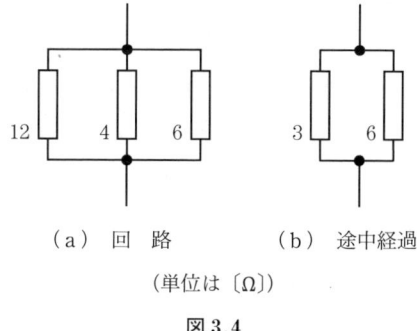

（a）回　路　　　（b）途中経過

（単位は〔Ω〕）

図 3.4

式 (3.10) は便利な式だが，2個の並列接続のときしか使えない。上の問題を2個ずつ計算してみてほしい（図 (b)）。結果はもちろん同じになる。◆

**例題 3.2** 図 3.5 (a) の回路で，抵抗 $6\,\Omega$ を流れる電流を求めよ。

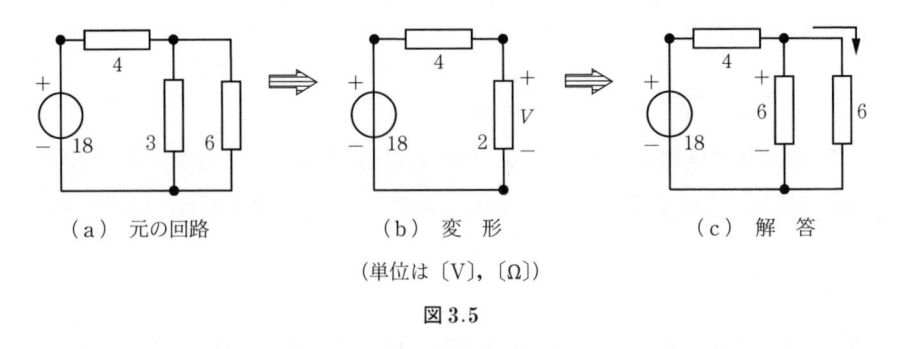

(a) 元の回路　　(b) 変形　　(c) 解答
（単位は〔V〕，〔Ω〕）

図 3.5

【解答】　回路を見ると，$6\,\Omega$ と $3\,\Omega$ が並列になり，それにさらに $4\,\Omega$ が直列になっている。$6\,\Omega$ と $3\,\Omega$ の並列接続は $2\,\Omega$ だから，回路は図 (b) のように描ける。

図 (b) で式 (3.5) によって電圧を配分すると，$2\,\Omega$ の電圧 $V$ は $6\,\mathrm{V}$ になる（図 (c)）。ここで元の回路へ戻る。電圧 $6\,\mathrm{V}$ がわかったから，$6\,\Omega$ の抵抗に流れる電流は $1\,\mathrm{A}$ である。この問題は，ほかにもいろいろな方法で解くことができる。試みてほしい。◆

**注意**　このように，末端の簡単な接続から順々に変形して回路を簡単にしていく。それで解決すればそれでよい。あるいは重要な電圧や電流がわかったら，変形を逆の順序に辿って元の回路に戻ってくる。当然のことだが，変形の際には，変わらなかった部分の電圧，電流だけが頼りになる。例えば図 (b) で $2\,\Omega$ の抵抗に流れる電流を求めても，図 (c) に戻ってきたときにはその抵抗は存在しない。しかし $6\,\mathrm{V}$ の電圧は，図 (b) と (c) に共通に存在するから，同じ値だとしてよい。

## 3.5 電圧・電流が 0 の場合

事前にわかっていることがあったら，積極的に計算に取り入れるのがよい。簡単な例を考えよう。図 3.6（a）の回路で，抵抗 $R$ に電流が流れていないことがわかったとする。もちろん抵抗に生じる電圧も 0 である。

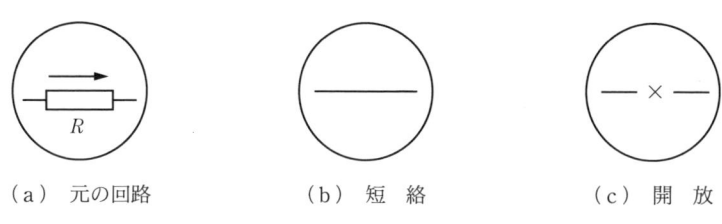

(a) 元の回路　　(b) 短絡　　(c) 開放

図 3.6　電流が 0 の抵抗

**電流 0 の抵抗**　　電流が流れていない抵抗をどのように変更しても，回路の状態には影響がない。都合のよいように抵抗の値を変えてもよい。極端な場合として抵抗を導線で置き換えても（図 (b)，短絡という），切断しても（図 (c)，開放という）よい。この性質を利用すれば，要領のよい計算ができる。

---

**例題 3.3**　　図 3.7（a）の回路で，3Ω の抵抗には電流が流れていない。電流源 $I_0$ の値はいくらか。

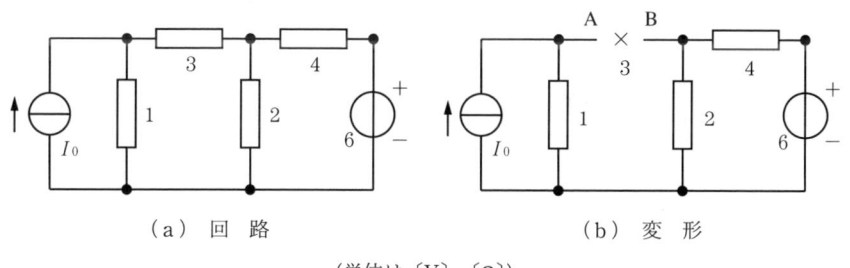

(a) 回路　　(b) 変形

（単位は〔V〕，〔Ω〕）

図 3.7

**【解答】** このままの回路で計算して，3Ωの抵抗を流れる電流を求め，それを0とおいて$I_0$を求めてもよい。しかしそれはかなり面倒である。上の説明にしたがって，3Ωの抵抗を切断してみる（図（b））。ここで点Aと点Bは同じ電位でなければならない。2Ωの抵抗の電圧を電圧の配分によって求めると2Vである。それを1Ωの抵抗の電圧に等しくおけばよい。

$$2 = 1 \times I_0 \quad \therefore \quad I_0 = 2 \text{ A} \tag{3.14}$$

◆

**例題 3.4** 図3.8（a）の回路で，抵抗$R_5$には電流が流れていないことがわかった。このとき抵抗$R_1$～$R_4$の間にどのような関係があるか。

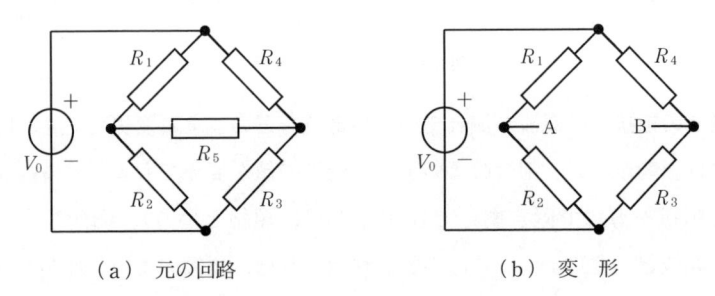

（a）元の回路　　　　　（b）変形

図3.8

**【解答】** 抵抗$R_5$を切断する（図（b））。それでも点Aと点Bは同じ電位でなければならない。つまり抵抗$R_2$の電圧が抵抗$R_3$の電圧に等しくなければならない。電圧の配分を考えれば，次式が成立する。

$$\frac{R_2}{R_1+R_2} V_0 = \frac{R_3}{R_4+R_3} V_0 \tag{3.15}$$

整理すると次式が得られる。

$$R_1 R_3 = R_2 R_4 \tag{3.16}$$

4個の抵抗の間にこの関係が成り立つとき，抵抗$R_5$を流れる電流は0になる。ここでは抵抗$R_5$を開放して計算したが，短絡して計算しても同じ結果になる。

◆

3.6 対称性の利用　35

**ブリッジ**　図（a）の回路をブリッジ，式（3.16）をその平衡（バランス）条件という。

---

**例題 3.5**　図 3.9（a）の回路で端子間の抵抗を求めよ。

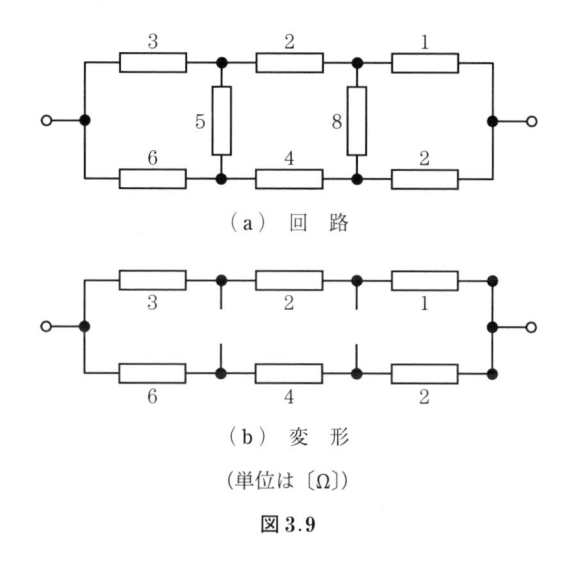

（a）回　路

（b）変　形

（単位は〔Ω〕）

図 3.9

---

【解答】　図（a）の回路は上下同じではないが，抵抗値が比例関係にある。かりに図（b）のように 5Ω の抵抗と 8Ω の抵抗を切断してみる。電圧の配分から，切断した両側の対応する節点は，それぞれ同じ電位にあることがわかる。その状態で先ほど除いた 2 個の抵抗を接続して元の回路に戻しても，抵抗を流れる電流は 0 であり，回路の状態には変化がない。

結局，図（b）の回路について計算すればよいことがわかる。上下はそれぞれ 3 個の抵抗が直列になっており，抵抗値は 6Ω と 12Ω である。それが並列になっているから，全体としては $(6 \times 12)/(6+12) = 4\,\Omega$ となる。　◆

## 3.6　対称性の利用

回路の構造が対称であることを利用すれば，計算が簡単になる場合がある。

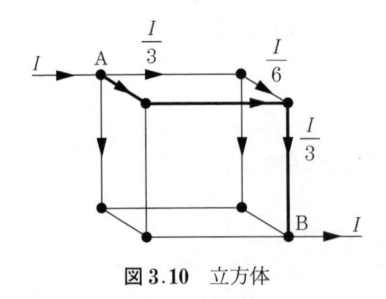

例として，図 3.10 の立方体を考える．図の線分（立方体の稜）は抵抗線でできており，それぞれが 6Ω の抵抗であるとする．図の二つの頂点 A，B 間に電流を流すとき，抵抗値はいくらになるか考えよう．

抵抗値を調べるには，頂点 A と頂点 B の間に電流 $I$ を流して，その間に生じる電圧を調べればよい．構造が対称であることに注意すると，頂点 A から流れ込んだ電流は 3 等分され，つぎの頂点でさらに 2 等分され，今度はつぎつぎと合流して頂点 B から流れ出ることがわかる．1 個の抵抗が 6Ω だから，頂点 B から図の太線の路に従って頂点 A までの電圧を合計すると式（3.17）のようになり，結局全体としての抵抗は 5Ω になる．

図 3.10 立方体

$$6 \times \left(\frac{I}{3} + \frac{I}{6} + \frac{I}{3}\right) = 5I \tag{3.17}$$

**例題 3.6** 図 3.11（a）は前の例題と同じ立方体であるが，頂点 A から頂点 C に電流を流す．このときの抵抗はいくらになるか．

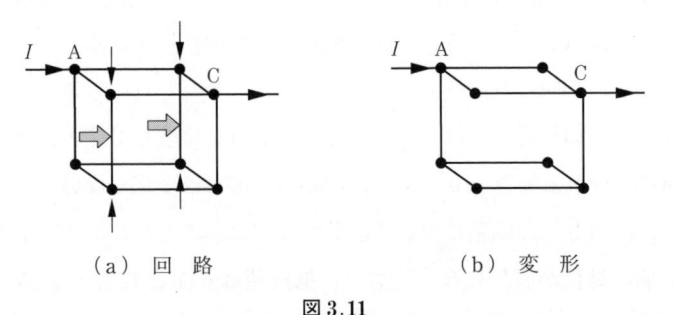

（a）回路　　　（b）変形

図 3.11

**【解答】** 図 (a) の回路は，左右対称な構造をしているから，図の細い矢印で示した頂点は，いずれも頂点 A と頂点 C のちょうど中間の電位になる．したがってそれらの頂点をつなぐ抵抗（太い矢印）は，両端が同じ電位

になり，切断しても構わない（図 (b)）。

図 (b) では，上側と下側の2個の回路が並列になっている。上側の回路は，6Ωが2個直列になり，それがさらに並列になっているから，結局6Ωになる。下側の回路は，上と同じものにさらに2個の6Ωが直列になっているから，合計は18Ωになる。2個の回路の並列抵抗は，$(6 \times 18)/(6+18) = 4.5\,\Omega$ となる。　◆

## 演 習 問 題

（1）図3.12の回路で，4Ωの抵抗に生じる電圧を求めよ。

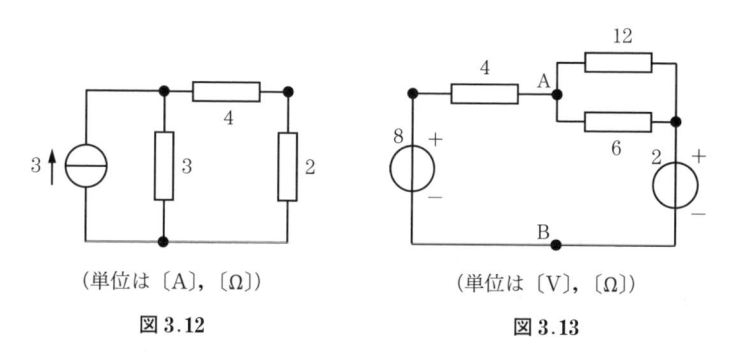

（単位は〔A〕，〔Ω〕）
図 3.12

（単位は〔V〕，〔Ω〕）
図 3.13

（2）図3.13の回路で，点A，点B間の電圧を求めよ。
（3）図3.14の回路で，4Ωの抵抗に流れる電流を求めよ。
（4）図3.15の正四面体で，一つの稜が4Ωの抵抗でできている。頂点A

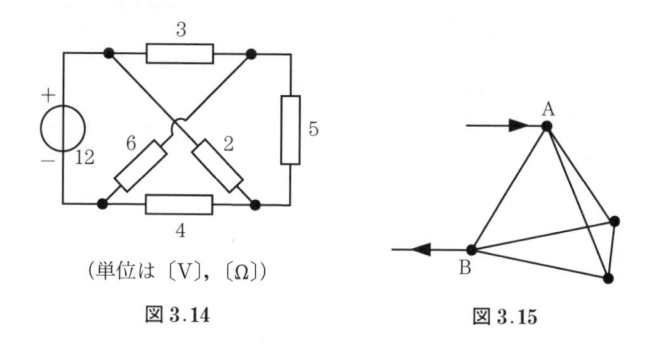

（単位は〔V〕，〔Ω〕）
図 3.14

図 3.15

と頂点 B の間で電流を流すとき，抵抗値はいくらになるか。

（5） 図 3.16 の回路で，8Ω の抵抗に流れる電流を求めよ。

（6） 図 3.17 の回路で，8Ω の抵抗を流れる電流が 0 となるためには，抵抗 R をいくらにすればよいか。

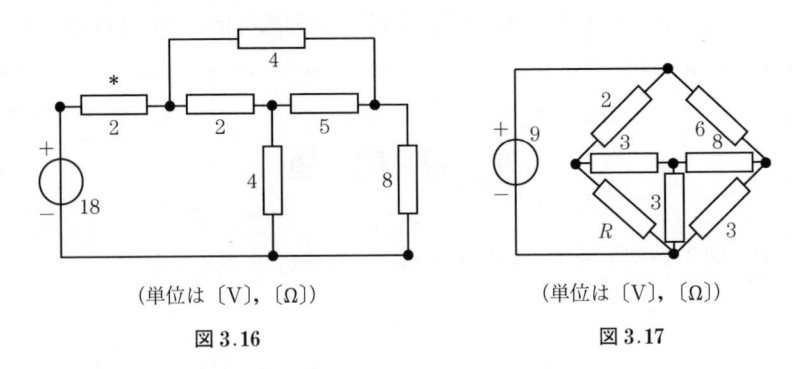

図 3.16

図 3.17

（7） 抵抗 R の値を測定するために，図 3.18 のように電圧計と電流計を接続する（枠内の V，A）。もし電圧計の抵抗は無限大で電流計の抵抗が 0 ならば，図（a），（b）どちらの接続でも，正しく電圧，電流が測定される。しかし実際にはどちらの計器も理想的ではなく，電圧計は大きな抵抗値 $R_V$，電流計は小さな抵抗値 $R_I$ を持っている。図（a），（b）の接続で抵抗を測定するとき，結果にどれだけの誤差を生じるか。近似計算で検討せよ。誤差はどちらの接続の方が小さいか。

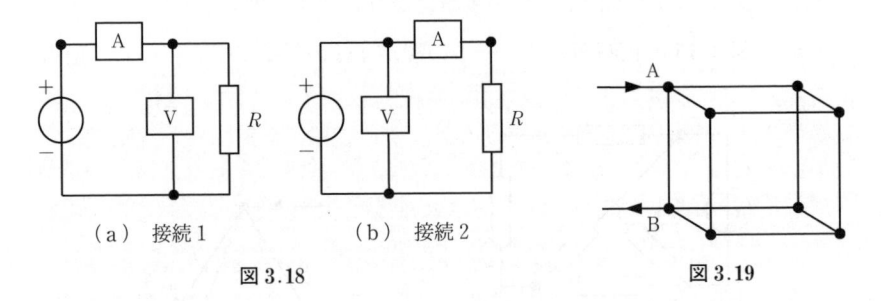

（a） 接続 1　　（b） 接続 2

図 3.18　　　　　　　　図 3.19

（8） 図 3.19 の立方体で，各稜の抵抗は 6Ω である。図の二つの頂点 A，B 間に電流を流すとき，抵抗はいくらになるか。

# 4 回路方程式

## 4.1 グラフ

　回路の問題はここまでの考え方でなんとか解決できる。しかしプロとしては，その場その場でなく体系的で洗練された考え方を身につけてほしい。

　**グラフ**　　まず回路構造についての用語を学ぶ。図 4.1（a）の回路があるとき，その骨組みだけを抽象化して，図（b）を考える。図（b）を，回路（a）のグラフという（高校の数学で学ぶグラフとは違う）。グラフは，元々の回路素子が何であるかは問わずに，接続だけを表したものである。

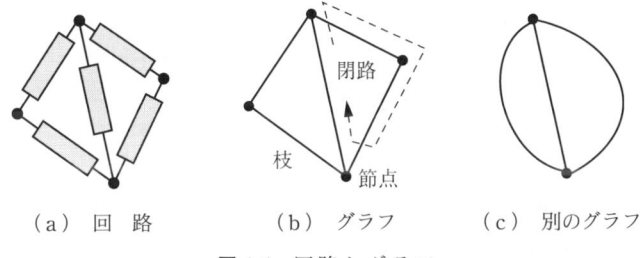

（a）回　路　　　　（b）グラフ　　　　（c）別のグラフ

図 4.1　回路とグラフ

　図（a）の回路を，図（b）のように描いても，あるいは 2 個の素子をまとめて図（c）のよう描いてもどちらでもよい。回路が与えられるとグラフを描くことができるが，逆にグラフから回路を再現することはできない。

　**節点・枝・閉路**　　グラフについて，節点，枝，閉路を図のように定義する（文章で説明しなくてもわかると思う）。節点の数を $n$，枝の数を $b$ と書く（$n$

は node，$b$ は branch のそれぞれ頭文字)。図（b）の場合には

$$n=4 \qquad b=5 \qquad (4.1)$$

である。また図（c）の場合には

$$n=2 \qquad b=3 \qquad (4.2)$$

である。

閉路は，一つの節点から出発してまた同じ節点に戻る路である。これはいろいろな取り方ができるが，後でもう少しよく考える。

## 4.2 閉 路 電 流

ここまでは，枝電圧あるいは枝電流を未知数にして計算をした。しかしもう少し見通しのよい方法を学ぶ。いま**図 4.2（a）**のように一つの節点を考える。ここには3本の枝が接続されている。

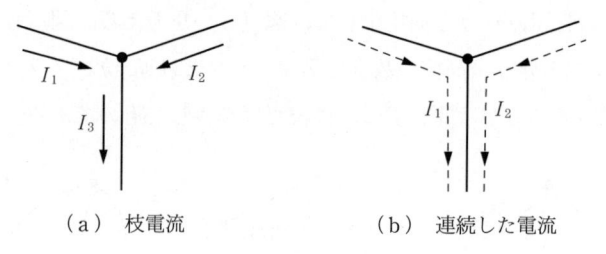

（a）枝電流　　　　　（b）連続した電流

**図 4.2**　電流の連続性

図のように枝電流を考えると，出入りが合計0だから次式が成り立つ。

$$I_1+I_2-I_3=0 \qquad (4.3)$$

これをつぎのように書き直す。

$$I_3=I_1+I_2 \qquad (4.4)$$

式 (4.4) は，図（a）の枝電流 $I_1$ と枝電流 $I_2$ がそのまま枝電流 $I_3$ になって，図（b）のように流れ出るのだと解釈することができる。人の流れの場合には，だれがどこへ行ったか調べればわかる。しかし電子には名前がなく，一つ一つを区別することはできない。映画のエキストラで「人数さえそろえばよ

い」というのと同じで，適当に解釈してもよい。

**閉路電流**　この考えを進めて，図 4.3（a）のように，枝電流ではなく一回りする電流（閉路電流）を未知数にとる。閉路電流は自分自身で完結しており（電源の中も通り抜ける），どこで考えても入った電流は出てくる。つまり，各節点で電流の合計が 0 という関係は，特に調べなくても自動的に成立している。

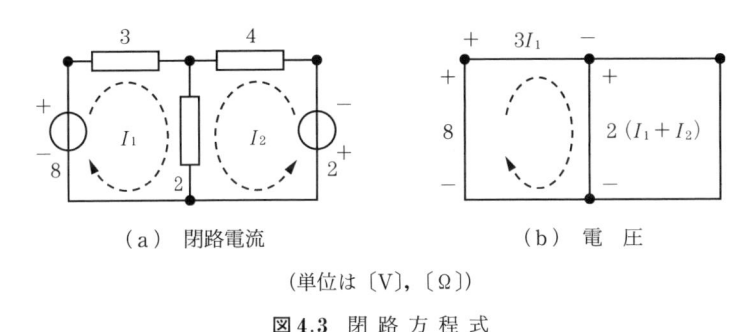

（a）閉路電流　　　　　　　（b）電　圧

（単位は〔V〕，〔Ω〕）

図 4.3　閉路方程式

## 4.3　閉路方程式

図 4.3（a）のように閉路電流を未知数にとると，キルヒホッフの電流則は自動的に成立する。したがって電圧則だけを考えればよい。抵抗では電流が電圧の＋から－に向くという原則を守って，各枝の電圧を書くと図（b）になる。

図 4.3（b）の回路について電圧の式を作る。勝手な路を考えるのでなく，図（a）の矢印に沿って，つまり閉路電流に沿って一回りする。一回りすると，電圧の合計は 0 でなければならない（図 4.4 のように山小屋から出発して山を巡り，山小屋に戻ってくるとき，上りを＋，下りを－として上り下りの合計を作ると必ず 0 になる）。

まず $I_1$ の閉路に沿って一回りする。

$$8 - 3I_1 - 2(I_1 + I_2) = 0 \tag{4.5}$$

未知数を左辺，既知項を右辺に移して整理すると，次式になる。

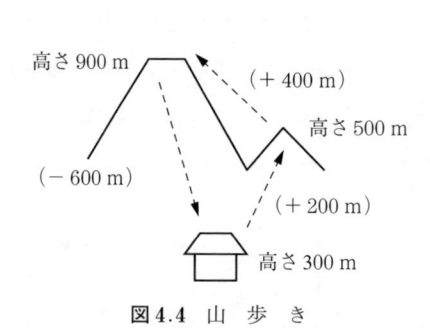

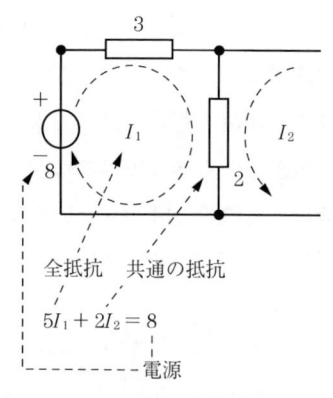

図 4.4 山 歩 き　　　　図 4.5 閉路方程式の構造

$$5I_1 + 2I_2 = 8 \tag{4.6}$$

この式は，つぎの構造をしていることに気がつく（図 4.5）。いま $I_1$ の閉路に沿って一巡するとき，

$I_1$ の係数＝$I_1$ の閉路に含まれるすべての抵抗の合計。

$I_2$ の係数＝$I_1$ の閉路と $I_2$ の閉路に共通に含まれる抵抗の合計。抵抗を二つの電流が同じ向きに通っていれば符号＋，逆向きに通っていれば符号－。

右辺＝$I_1$ の閉路に含まれ，$I_1$ の向きに電流を流そうとする電源電圧の合計。

**閉路方程式**　　この仕組みが理解できれば，上のように丁寧に計算をしなくても，回路図 4.3（a）を見ながら方程式をただちに書くことができる。上では $I_1$ の閉路に沿って回ったが，$I_2$ の閉路に沿って回ると，つぎの式になる。このことを回路図から直接に，また上と同じように計算して納得してほしい。

$$2I_1 + 6I_2 = -2 \tag{4.7}$$

式（4.6），（4.7）を連立させて，未知数 $I_1$, $I_2$ が定まる。各枝の電圧，電流はこれらから求められる。

このようにして作られる方程式を，閉路方程式という。方程式を解けば電流が求められる。計算は省略するが，答は $I_1 = 2$ A, $I_2 = -1$ A となる。この章の演習問題でも方程式を作る練習をしてほしい。

## 4.4 節点方程式

閉路方程式は，キルヒホッフの電流則が自動的に成り立つように未知数を設定し，電圧則について方程式を導いたものである．これと対照的に，電圧則が自動的に成り立つようにして，電流則について方程式を導くことができる．

図 4.6 の回路を考える．説明の都合で電源は電流源とする．抵抗の値は逆数（コンダクタンス）で表す（例えば 2 S のコンダクタンスは，0.5 Ω の抵抗と同じである）．

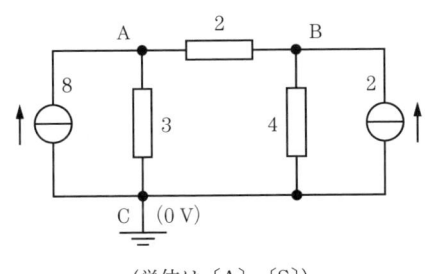

各節点の電位を未知数にとる．電位は高さだから，基準点を決めてそこから測る．図の点 C を基準点に決めて，その電位を 0 V とおく（基準点という意味で，図のような記号を使うことがある．接地記号という）．導線で接続されている部分は同じ電位である．電位が未知なのは点 A と点 B だから，それぞれの電位を $V_1$，$V_2$ とおく．

図 4.4 の山歩きの説明からわかるように，「高さ」が存在すると考えただけで，一回りしたときの上り下りは合計 0 である．つまり電位を未知数に設定すると，キルヒホッフの電圧則は自動的に成立する．

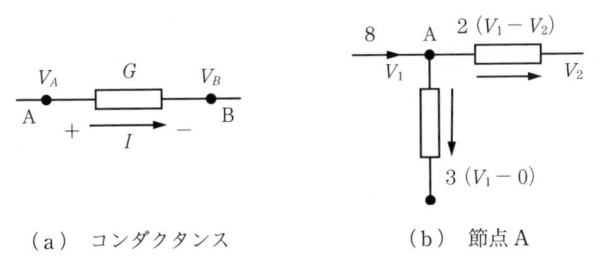

（単位は〔A〕，〔S〕）

図 4.6 回　路

(a) コンダクタンス　　(b) 節点 A

（単位は〔A〕，〔S〕）

図 4.7　節点での電流の出入り

**電位と電流**　そこで電流について考える。図4.7（a）の抵抗で，両端の電位がそれぞれ $V_A$, $V_B$ であるとする。どちらの電位が本当に高いのかは気にしない。電流の矢印は必ず電圧の＋から－に向くようにする。

図のように＋，－をとると，点Aが点Bよりも電位が高いと想像したことになる。高さの差，つまり電圧は，$V_A - V_B$ である。（抵抗で割るのだから）コンダクタンスを掛けると，矢印の方向の電流は $G(V_A - V_B)$ である。図4.6の回路で，節点Aに流れ込む電流を調べると，図4.7（b）のようになっている。合計を0とおく。

$$8 - 2(V_1 - V_2) - 3(V_1 - 0) = 0 \tag{4.8}$$

整理すると，つぎのようになる。

$$5V_1 - 2V_2 = 8 \tag{4.9}$$

この式は**図4.8**のような構造をしている。$V_1$ の節点についての式では，

$V_1$ の係数＝$V_1$ の節点に直接に接続されているコンダクタンスの合計。

$V_2$ の係数＝$V_1$ の節点と $V_2$ の節点の間に接続されているコンダクタンス。符号はいつも－になる。

右辺＝$V_1$ の節点に電源から流れ込む電流の合計。

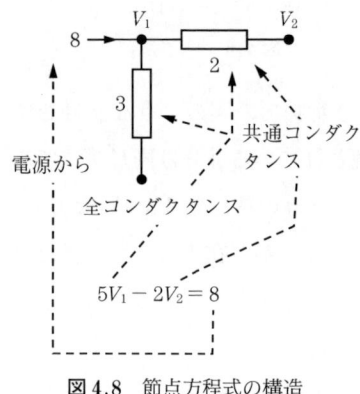

図4.8　節点方程式の構造

**節点方程式**　この仕組みが理解できれば，上のように丁寧に計算をしなくても，回路図を見ながら方程式をただちに書くことができる。上では節点 $V_1$ について式を作ったが，節点 $V_2$ についての式がつぎのようになることを，計算で，また回路図を見ながら確かめてほしい。

$$-2V_1 + 6V_2 = 2 \tag{4.10}$$

このようにして作られた方程式を，節点方程式という。式（4.9），（4.10）を解けば，答は $V_1 = 2\,\mathrm{V}$, $V_2 = 1\,\mathrm{V}$ となる。方程式を作る練習をしてほしい。

## 4.5 電源の問題

　以上で2通りの方程式の作り方を学んだ。しかし電源の問題が残っている。ここまでの説明では，閉路方程式のときは電圧源，節点方程式のときは電流源を考えたが，そうでないとき，例えば電圧源と電流源が混在していたらどうするのか。この場合には二つの方法がある。一つはそのまま方程式を作る方法で，もう一つは電源を描き換える方法である。前者をこの節で，また後者は次節以降で説明する。

　図 4.9（a）の回路について，閉路方程式を作ろう。電流源があるが，それを電圧 $V$ の電圧源であると考えて，閉路方程式を作る。図（b）のように閉路電流をとる。

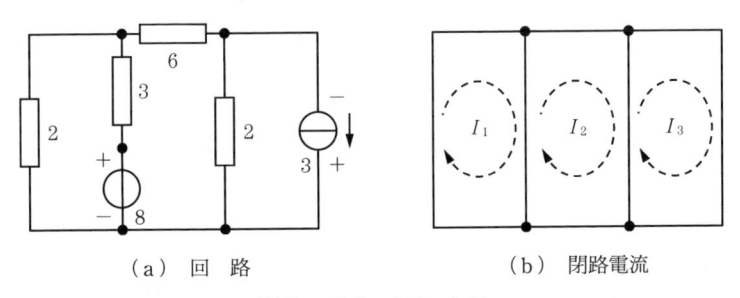

（a）回　路　　　　　　（b）閉路電流

（単位は〔V〕，〔A〕，〔Ω〕）

図 4.9　電圧源と電流源の混在

$$\begin{aligned}5I_1 - 3I_2 &= -8\\ -3I_1 + 11I_2 - 2I_3 &= 8\\ -2I_2 + 2I_3 &= V\end{aligned} \quad (4.11)$$

見かけ上は未知数が3個，方程式が3個になる。しかし電流 $I_3$ はじつは3Aだから，これを代入すると，つぎのようになる。

$$\begin{aligned}5I_1 - 3I_2 &= -8\\ -3I_1 + 11I_2 &= 14\end{aligned} \quad (4.12)$$

この式から $I_1$, $I_2$ を求めればよい。答は $I_1=-1\,\mathrm{A}$, $I_2=1\,\mathrm{A}$ となる。式 (4.11) の第3式はいま使わなかったが，$V$ を求める式になる。

## 4.6 電源の描き換え

電圧源と電流源がたがいに変換できると便利である。二つはまったく異質なもので，そのままでは変換できない。しかし抵抗と組み合わせれば変換できる。

図 4.10 の二つの回路を考えよう。図（a）では，電圧源と抵抗が直列になり，図（b）では，電流源と抵抗が並列になっている。どちらも端子から電流 $I$ が流れ出て，端子電圧が $V$ であるとする。

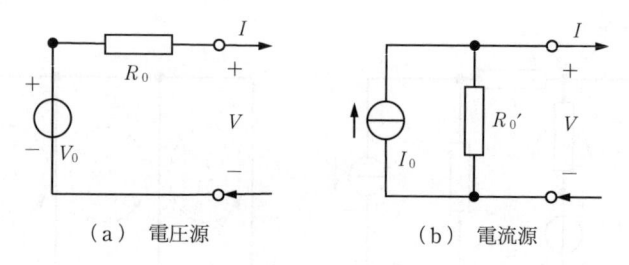

（a）電圧源　　　　　　　（b）電流源

図 4.10　電源の描き換え

図（a）の回路では，電圧源の電圧 $V_0$ から抵抗 $R_0$ の電圧を差し引けば $V$ になり，図（b）の回路では，電流源 $I_0$ から端子電流 $I$ を差し引いた残りが，抵抗 $R_0'$ を流れて電圧 $V$ を生じる。したがって次式が得られる。

$$\begin{aligned} V_0 - R_0 I &= V \\ R_0'(I_0 - I) &= V \end{aligned} \quad (4.13)$$

端子電圧，電流の関係を調べたいのだから，上式を $V$ と $I$ の関係として整理すると，それぞれつぎの1次式になる。

$$\begin{aligned} V &= V_0 - R_0 I \\ V &= R_0' I_0 - R_0' I \end{aligned} \quad (4.14)$$

この二つの式が，$V$ と $I$ の関係として同じであるためには，次式が成立す

ればよい。

$$R_0' = R_0, \qquad V_0 = R_0' I_0 \qquad (4.15)$$

**電源の描き換え**　式 (4.15) の二つが成立していれば，図 4.10 の二つの回路は，端子から見る限りまったく同じである。この関係は役に立つ。例えば閉路方程式を作るときには電圧源，節点方程式を作るときには電流源にそろえたほうが，考え方が簡単になる。

図 4.10 の関係は，またつぎのように見ることもできる。端子を開放したときの電圧は $V_0$ で両者は等しい。また端子を短絡したときの電流は $I_0$ で両者は等しい（図を見ながら考えてほしい）。この条件から回路定数を決めてもよい。電源の描き換えについては次章でさらに論じる。

**例題 4.1**　日常使う乾電池は，だいたいにおいて電圧源の性質をもつが，内部に小さな抵抗を含んでいる。これを**図 4.11 (a)** の回路で等価的に表す。この乾電池を電流源で表すとどうなるか。

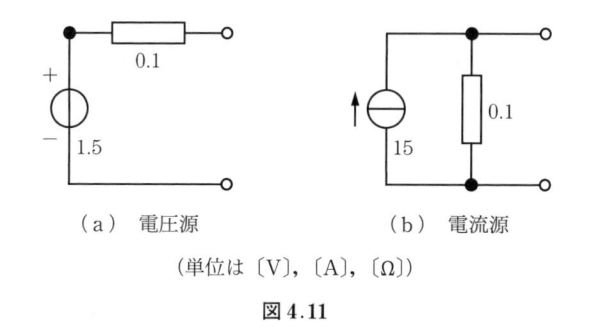

(a) 電圧源　　　(b) 電流源

（単位は〔V〕，〔A〕，〔Ω〕）

**図 4.11**

**【解答】**　上の説明のとおりで，図 (b) のように描き直される。　　◆

**注意**　二つの回路は，端子から見るかぎり，なにを接続しても同じ特性を示す。しかし内部は違うことを注意してほしい。例えば端子になにも接続しないとき，図 (a) の内部では電流が流れず，電力もやり取りされない。しかし図 (b) では電流が抵抗を流れ，電力を消費する。電源の描き換えは，端子

の外から見るかぎり正しいが,内部で起きる現象は同じではない.

**例題 4.2** 図 4.12(a)の回路で,電圧源を電流源に描き換えて,点 A と点 B の間の電圧を求めよ.

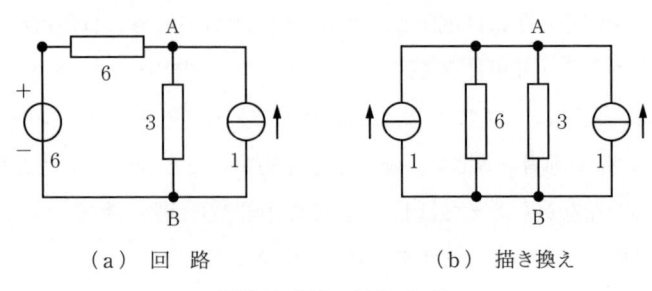

(a) 回 路　　　　(b) 描き換え

(単位は〔V〕,〔A〕,〔Ω〕)

図 4.12

【解答】　上の説明に従って電圧源を電流源に描き換えると,図(b)になる.二つの抵抗は並列になり,その値は 2Ω となる.二つの電流源からの電流は,合流して 2 A となってこの抵抗に流れるから,点 A と点 B 間には電圧 4 V が生じる.　◆

**注意**　回路図を描き直すときに,どの部分が変換されたのかを注意しなければならない.この場合には,3Ω の抵抗は描き換えられていないから,その電圧・電流は,どちらの回路でも同じである.一方 6Ω の抵抗はどちらの回路にもあるが,それは描き換えられた別のものであり,流れる電流は同じではない(確かめてみよ).変換の前後を考えるときには,変わらない部分だけを頼りにしなければならない.

## 4.7　解 の 存 在

回路方程式を作るとき,解は必ず 1 通りに決まるのだろうか.もちろん実際の電気回路では,解がないとか決まらないということはない.しかしわれわれ

が計算する回路は現実の電気回路ではなく，それを理想化した紙上のものだから，回路方程式が不定（解が決まらない），不能（解が存在しない）になってもおかしくはない．

**不定と不能**　細かい説明を省略するが，ここまでの範囲の回路では，解の存在についてはあまり気にしなくてよい．抵抗がすべて正値である限り，方程式の答は1通りに決まる．ただしつぎのような「つまらない場合」には，方程式が不定，不能になる．

（a）　図 4.13（a）のように電圧源だけで閉路ができているときには，その閉路の電圧源の値が合計 0（この図の場合 $-V_1+V_2+V_3=0$）でなければ，計算しようがなく，方程式は不能になる．

合計が 0 であるときには，電圧源の一つを取り除いても回路の状態には影響がなく，計算すれば解が定まる．元の回路に戻ると，電圧源の閉路を流れる電流は不定になる．

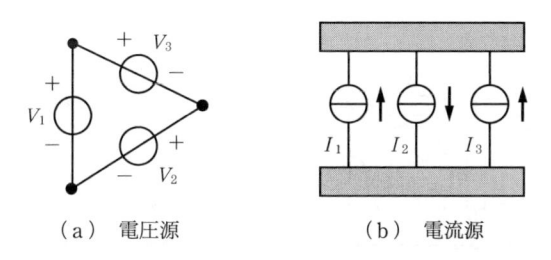

（a）電圧源　　　　　（b）電流源

図 4.13　不定・不能の場合

（b）　図（b）のように回路の二つの部分が電流源だけで接続されているとき，電流源の値が合計 0（この図の場合 $I_1-I_2+I_3=0$）でなければ計算しようがなく，方程式は不能になる．

合計が 0 であるときには，電流源の一つを導線で置き換えても回路の状態には影響がなく，計算すれば解が定まる．元の回路に戻ると，電流源に生じる電圧は不定になる．

## 4.8 未知数の取り方

　この章では2種類の回路方程式を学んだ。節点方程式については，未知数の設定に迷うことはない。節点の一つを基準にして電位を0とし，ほかの節点の電位を未知数にすればよい。節点の総数を $n$ とすると，未知数の数は $n-1$，方程式の数も $n-1$ になる。

　一方閉路方程式では，未知数の設定に迷うことがある。閉路は，ある節点から出発してまたそこへ戻ってくればよいのだから，閉路の取りかたはいくつもある。しかし基本的には困ることはない。閉路が足りないと誤った結果になるが，多すぎても，計算が面倒になるだけで，答が誤ることはない。

　**余分な未知数**　　例として，すでに計算した図4.14（a）の回路（図4.3（a）と同じ）について，図4.14（b）のように閉路をもう一つ多く設定したとする。

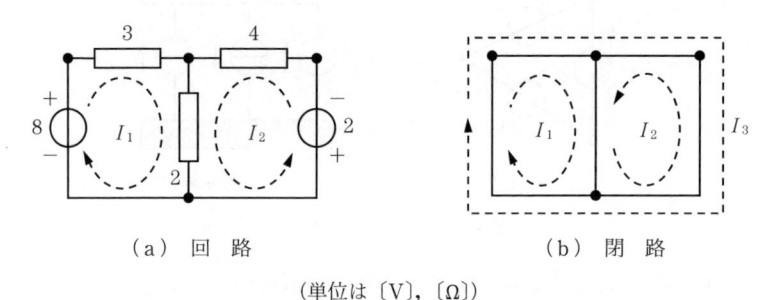

（a）回　路　　　　　　　　　　（b）閉　路

（単位は〔V〕，〔Ω〕）

図4.14　余分な閉路

閉路方程式を作るとつぎのようになる。

$$5I_1 + 2I_2 + 3I_3 = 8$$
$$2I_1 + 6I_2 - 4I_3 = -2 \quad\quad (4.16)$$
$$3I_1 - 4I_2 + 7I_3 = 10$$

未知数が3個で方程式が3個だから，これで解けそうにみえる。しかし第1式から第2式を引くと，第3式が得られる。つまり見かけ上3個の方程式があ

っても，実質上は2個である。方程式の数が未知数の数より少ないので，不定になる。

未知数が1個多いから，いま任意に $I_3=u$ が与えられたものとして，第1式と第2式を残し，つぎの方程式を考える。

$$5I_1+2I_2=8-3u$$
$$2I_1+6I_2=-2+4u \tag{4.17}$$

途中の計算は省略するが，これから $I_1$ と $I_2$ がつぎのように求められる。

$$I_1=2-u, \quad I_2=-1+u \tag{4.18}$$

答に不定分が含まれているが，例えば3Ωの抵抗に流れる電流は，

$$I_1+I_3=2 \text{ A} \tag{4.19}$$

となって，前と同じ答に確定する。

このようなわけで，基本的には心配ない。しかし計算をパソコンに任せたりすると，途中で不定部分が生じるような計算は実行できず，エラーとして止まってしまうことがある。その意味で，無駄なく未知数を設定することが望ましい。

## 4.9 平面上の回路

**むだのない閉路** むだのない閉路の設定について，二つの方法を学ぶ。一つは簡単なことで，回路が**図4.15**（a）のように平面上に（導線が交差することなく）描けたならば，図（b）のように「小区画ごとに閉路を取れ」という原則である。

ここでは証明をしないが，これは必要最小限の閉路の取り方になっている。ついでに，閉路電流を図（b）のように全部同じ方向（例えば時計方向）に取ることにすれば，

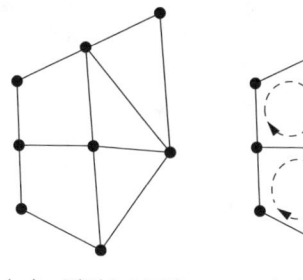

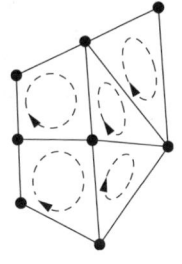

(a) 平面上の回路　　(b) 閉路

**図4.15** 平面上の回路と閉路

(a) 回路A　　(b) 回路B

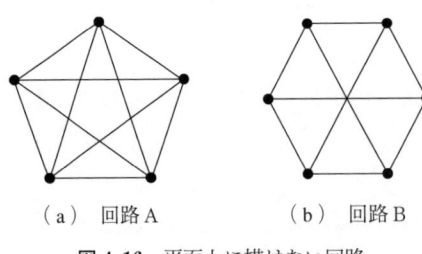

図 4.16　平面上に描けない回路

方程式でほかの閉路電流の影響を表す項にはいつも－符号が付くので，間違う心配がない。

**平面上に描けない回路**　しかし平面上に（導線が交差することなしには）描けない回路がある。基本的には，それは図 4.16 の二つの回路である（図で黒丸のない交差点は接続していない）。もし回路が図の構造を一つでも含んでいれば，それは平面上に描くことができない。このような場合には，図 4.15（b）のように簡単に閉路を設定することはできない。

## 4.10　木 と 補 木

グラフに関して，木と補木という概念が重要である。図 4.17（a）のグラフを考える。木とは，「閉路を含まずにすべての節点を連結する枝の集合」である。図（b）の太い枝が木の一例である。木を決定したとき，「その木に含まれない枝の集合」を補木という。図（c）の太い枝が，この場合の補木である。木，したがって補木の作り方は 1 通りではない。木と補木がペアを作る。

いま一つのグラフを考え，一対の木と補木を決める。木に属する枝の電圧は勝手に決められる。木は閉路を含まないからそれで矛盾することはない。基準

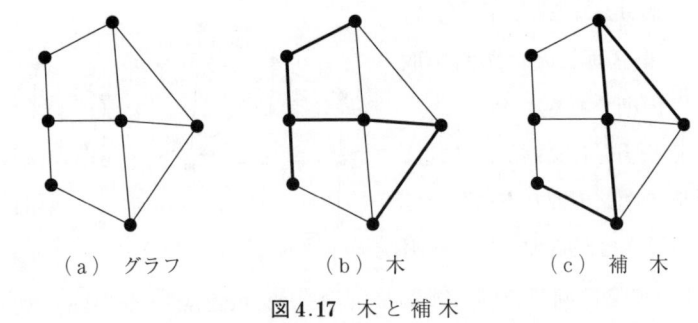

（a）グラフ　　（b）木　　（c）補木

図 4.17　木 と 補 木

節点を決め,木に属する枝の電圧をすべて指定すれば,すべての節点の電位が決まる.

これに対して,補木に属する枝の電流は勝手に決められる.それで矛盾することはない.補木に属する枝の電流をすべて指定すれば,すべての枝の電流が決まる(これはどのように説明したらよいか.考えてほしい.問題(8)).

**閉路電流の設定** これで閉路電流の取り方がわかる.グラフが与えられたとき,木と補木を決める.補木の各枝を通る電流を未知数におく.閉路電流は,それぞれの補木枝の電流が木枝だけを通って戻ってくるようにすれば,おたがいに干渉しない.図4.17(c)の場合について,閉路電流を設定してみてほしい.

与えられたグラフで節点の数が $n$,枝の数が $b$ であるとすると,木枝の数は $n-1$,したがって補木枝の数は $b-n+1$ となる.つまり節点方程式の未知数の数は $n-1$,閉路方程式の未知数の最小数は $b-n+1$ となる.枝の数が少ない場合には閉路方程式,枝の数が多い場合には節点方程式のほうが,未知数が少なくて済む.

## 演 習 問 題

(1) 図4.18の回路について,図のように閉路電流を設定して,閉路方程

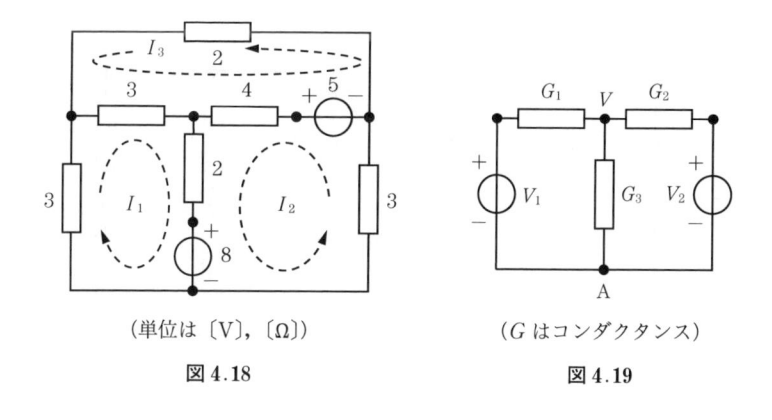

図4.18 (単位は〔V〕,〔Ω〕)

図4.19 ($G$ はコンダクタンス)

式を作れ（解かなくてもよい）．
(2) 2個の電池を並列に接続するのは，あまりよいことではない．その理由はどういうことか．
(3) 図 4.19 の回路は，閉路方程式によって解析することができる．しかし電圧源をそのままにして節点方程式を作ると，電位 $V$ を簡単に求めることができる．これを実行せよ．
(4) 図 4.20 の回路について，電圧源を電流源に描き換え，点 A を基準電位にして節点方程式を作れ（解かなくてもよい）．

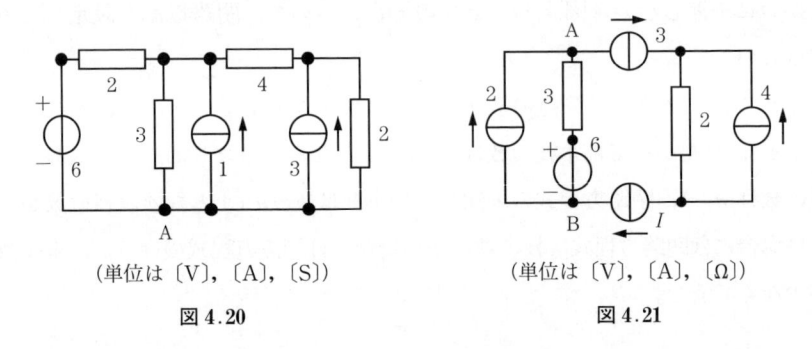

（単位は〔V〕，〔A〕，〔S〕）

図 4.20

（単位は〔V〕，〔A〕，〔Ω〕）

図 4.21

(5) 図 4.21 の回路が解をもつためには，電流源 $I$ の値はいくらでなければならないか．またそのとき点 A と点 B 間の電圧はいくらか．
(6) 図 4.22 の回路について，3Ω に流れる電流が 2A であるという．抵抗 $R$ の値はいくらか．

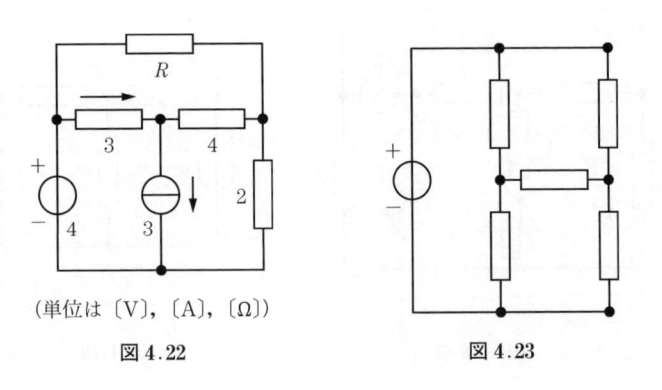

（単位は〔V〕，〔A〕，〔Ω〕）

図 4.22

図 4.23

(7) 図 4.23 のような電圧源があるが，一つの抵抗と直列になってはいない。電圧源を電流源に書き直さなければならないとき，どのように工夫したらよいか。

(8) 本文中で，「補木に属する枝の電流は勝手に決めてもよい。それで矛盾することはなく，補木に属する枝の電流をすべて指定すれば，すべての枝の電流が決まる」としている。回路の例を想定して，これを説明せよ。

# 5 電気回路の性質

## 5.1 回路の重ね合わせ

図5.1の三つの回路を考えよう。回路の構造は同じで、抵抗の値もそれぞれ同じだが、電源の値だけが異なっている。

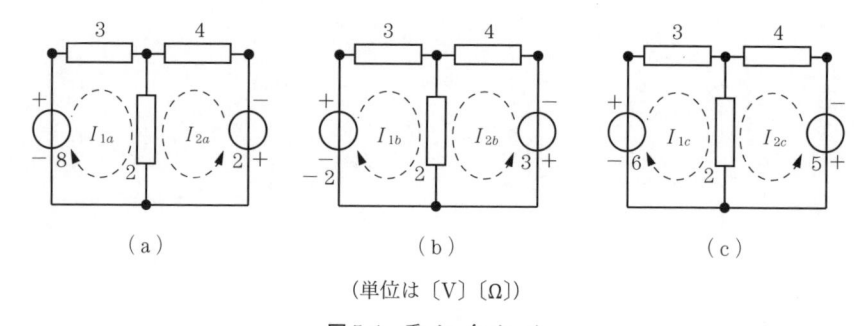

（単位は〔V〕〔Ω〕）

図5.1 重ね合わせ

それぞれの回路について閉路方程式を作ると、つぎのようになる。わざと横に並べて書いてある。

$$5I_{1a}+2I_{2a}=8, \quad 2I_{1a}+6I_{2a}=-2$$
$$5I_{1b}+2I_{2b}=-2, \quad 2I_{1b}+6I_{2b}=-3 \tag{5.1}$$
$$5I_{1c}+2I_{2c}=6, \quad 2I_{1c}+6I_{2c}=-5$$

上の2行の式をそれぞれ加えると、つぎのようになる。

$$5(I_{1a}+I_{1b})+2(I_{2a}+I_{2b})=6$$
$$2(I_{1a}+I_{1b})+6(I_{2a}+I_{2b})=-5 \tag{5.2}$$

式 (5.2) を式 (5.1) の第3行の式と見比べると，

$$I_{1c} = I_{1a} + I_{1b}, \qquad I_{2c} = I_{2a} + I_{2b} \tag{5.3}$$

が式 (5.1) の第3行の式の解になっていることがわかる。

**回路の重ね合わせ**　　上の性質を，回路図の上で考える。図5.1（a），（b）の二つの回路を薄い紙に描いて重ね合わせたとすると，回路の構造も抵抗値も同じだから，二つの回路はぴったり重なると考える。回路図が重なると，電圧も電流も加算になる（**図5.2**，ただし電力は加算にならない）。これが上の計算の回路図による解釈である。この操作を「重ね合わせ」という（重ね合わせの定理，原理などともいう）。

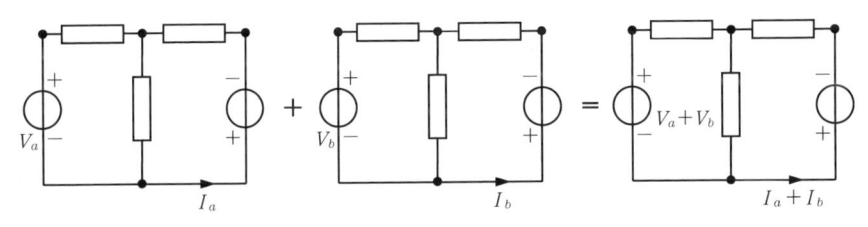

図5.2　回路の重ね合わせ

## 5.2　線　形　性

上の説明で，二つの電圧源が原因，電流が結果だとすれば，「二つの場合の原因を足し合わせると，結果も足し合わされる」ことを意味している（**図5.3**，線形性という）。

「品物A1を買って100円を払い，品物A2を買って300円を払うのならば，品物A1とA2を買えば400円を払う」ということである。これは当たり前のようだが，図5.3の関係を意識することが大事である。上では単に加え合わせているが，二つの同じものを足せば2倍になるわけだし，二つの場合をそれぞれ何倍かして加減算をしても

| 原因 | | 結果 | |
|---|---|---|---|
| A1 | $\Rightarrow$ | B1 | |
| A2 | $\Rightarrow$ | B2 | ならば |
| A1＋A2 | $\Rightarrow$ | B1＋B2 | である。|

図5.3　線　形　性

よいことは理解できると思う。つまり原因が1次式で表されるとき，結果も同じ1次式で表される。

**線形なシステム**　　線形性が成り立つ場合には，複雑な原因があっても，多数の簡単な原因に分けて，それぞれについて計算し，得られた結果を加え合わせれば，求める結果になる。

例えば「A町に行くと楽しい」，また「料理Bを食べると楽しい」とするとき，「A町に行って料理Bを食べれば，その合計分楽しい」ことを意味する。正確には成り立たないが，「だいたいそうだ」といわれればそうだ。

システムを線形だと考えると，非常に見通しがよくなる。システムを解析するとき，それが線形とみなせるかどうかをまず注意すべきだ。線形だと考えてよければ，いろいろ便利な計算法が使える。

## 5.3　重ね合わせによる計算

**例題 5.1**　　図5.4（a）の回路について計算し，$6\,\Omega$の抵抗を流れる電流を求めよ。

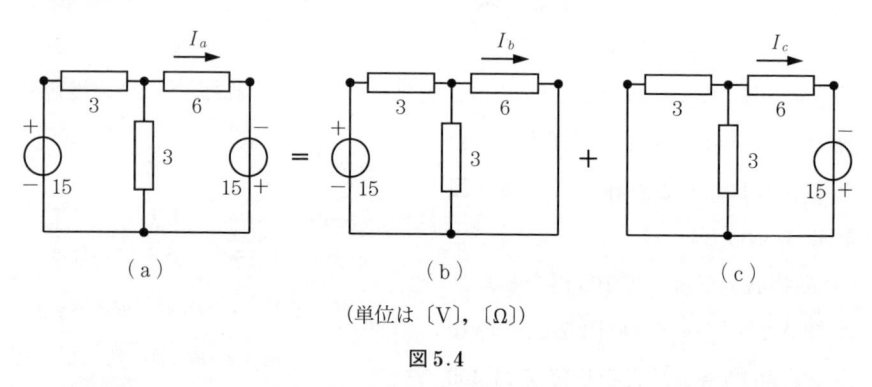

図5.4

（単位は〔V〕，〔Ω〕）

**【解答】**　　（a）の回路を二つの回路の重ね合わせに分解する。簡単なのは，15Vの電圧源を15Vと0Vに分けることである。（a）の回路を，（b），（c）二つの回路の和だとする。0Vの電圧源は短絡と同じである。

(b)と(c)回路にはそれぞれ電源が1個しかないから，6Ωの抵抗を流れる電流は，直列・並列の考え方で簡単に計算でき，$I_b=1\,\text{A}$，$I_c=2\,\text{A}$ となる。その和として $I_a=3\,\text{A}$ である。　◆

**例題 5.2** 図 5.5（a）の回路で 6Ω の抵抗を流れる電流を求めよ。

（a）　　　　　（b）　　　　　（c）

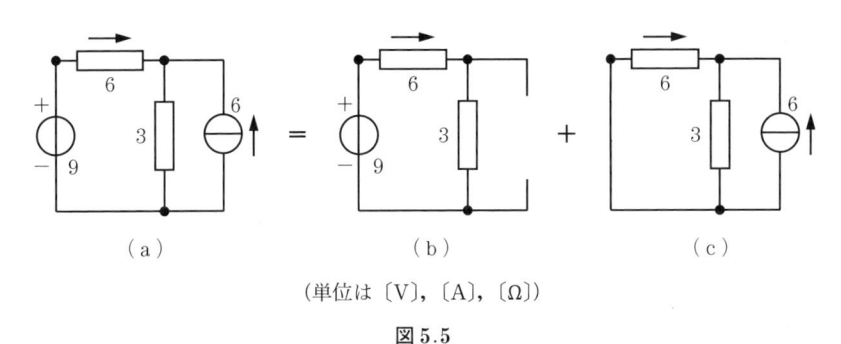

（単位は〔V〕，〔A〕，〔Ω〕）

図 5.5

【解答】 前問の説明と同じように，一方の電源の値を 0 とおいて，（a）の回路を（b）と（c）の回路に分解する。0 V の電圧源は短絡と同じであり，0 A の電流源は開放と同じである。

（b）と（c）のそれぞれについて問題の電流を計算すると，それぞれ 1 A，−2 A となるから，その和をとって答は −1 A となる。　◆

**例題 5.3** 図 5.6 で，枠内は抵抗が複雑に接続されている。
（ⅰ）　$V_1$ が 3 V，$V_2$ が 2 V のとき，電流 $I_3$ が 1 A，
（ⅱ）　$V_1$ が 1 V，$V_2$ が 2 V のとき，電流 $I_3$ が 4 A であった。
（ⅲ）　$V_1$ を 3 V，$V_2$ を −2 V にすると，電流 $I_3$ はいくらになるか。

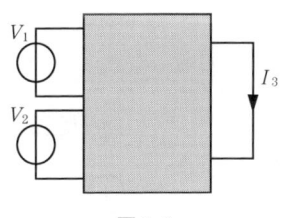

図 5.6

【解答】 第 1 の状態の $m$ 倍と第 2 の状態の $n$ 倍を加えて第 3 の状態が

できると考えれば，電圧源について次式が成立する．

$$3m + n = 3$$
$$2m + 2n = -2 \qquad (5.4)$$

これを $m$, $n$ について解くと，$m=2$, $n=-3$ となる．したがって電流も（ⅰ）の2倍と（ⅱ）の−3倍を加えて−10 A となる． ◆

## 5.4　鳳-テブナンの定理

重ね合わせの応用として，前章で学んだ電源の描き換えをもっと一般的に拡張しよう．図5.7（a）のように，枠内に電圧源，電流源，抵抗からなる回路

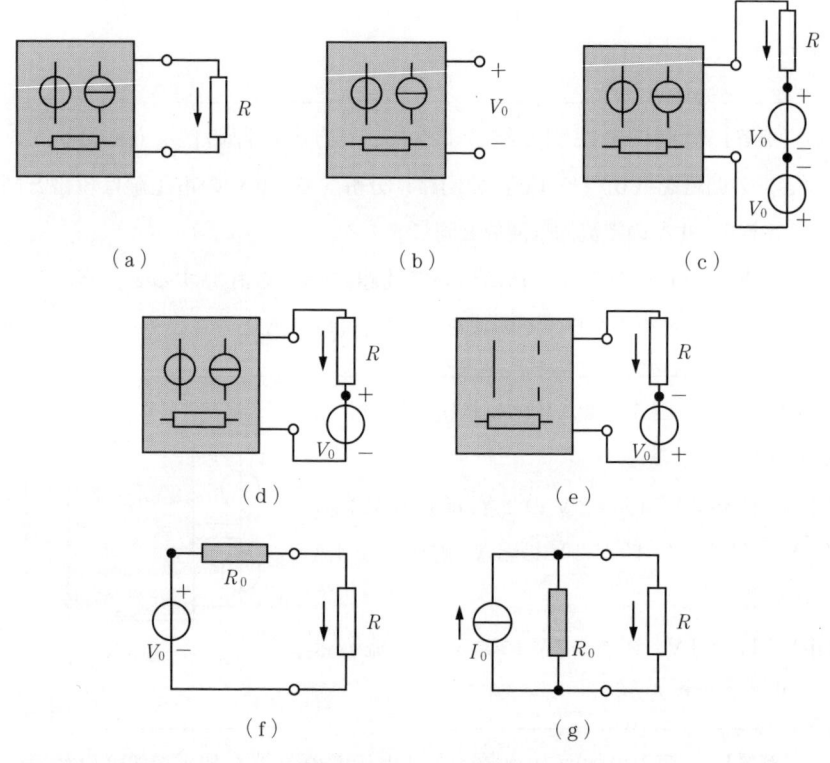

図5.7　鳳-テブナンの定理

が与えられ，これを電源回路として使用することにする．

端子に抵抗 $R$ を接続したときに流れる電流を調べよう．図（b）のように，端子になにも接続しないときの端子電圧 $V_0$ を測定しておく．

つぎに図（c）のように，2個の電圧源 $+V_0$ と $-V_0$ を，抵抗 $R$ に直列に挿入する．二つの電圧源の和は0だから，なにも挿入しないのと同じで，回路の状態には変化がない．（c）の回路で電流を求めることにする．重ね合わせとして，回路（c）を（d）と（e）の二つの回路の和に分解する．（e）は（b）の $V_0$ の一つだけを残して，枠内の電圧源，電流源の値をすべて0とおいたものである．

さて図（d）であるが，（b）での $V_0$ の決め方を考えれば，開放端子電圧 $V_0$ と追加した電圧源 $V_0$ が等しいから，その間に抵抗 $R$ を接続しても電流が流れない．つまり（e）で流れる電流が（c），すなわち（a）で流れる電流に等しい．（e）の回路は，（f）のように描き直してもよい．

**鳳–テブナンの定理**　結局，つぎの性質が導かれた．「図5.7（a）のように電圧源，電流源，抵抗からなる回路が与えられ，これを電源回路として使用するとき，端子から見た特性は，（f）の回路とまったく同じである．ここで $V_0$ は（b）のように端子を開放したときの電圧，$R_0$ は（e）のように，与えられた（a）の回路で電圧源，電流源の値をすべて0とし，端子から測定される抵抗である．」

前章で学んだ電圧源と電流源の描き換えは，ここで学んだ定理の一つの特別な場合である．当然いま得られた電圧源（f）は，電流源を用いて（g）のように描いてもよい．ここで $V_0=R_0 I_0$ である．電源回路（a）が回路（f），（g）のように描き換えられる性質を，鳳–テブナンの定理という．また $V_0$ を端子開放電圧，$I_0$ を端子短絡電流，$R_0$ を内部抵抗という．

## 5.5　鳳–テブナンの定理の応用

鳳–テブナンの定理は，非常に広い範囲の問題に応用される．簡単な例につ

いて学ぶ。

**例題 5.4** 図 5.8（a）の回路で，抵抗 3Ω に生じる電圧を求めよ。

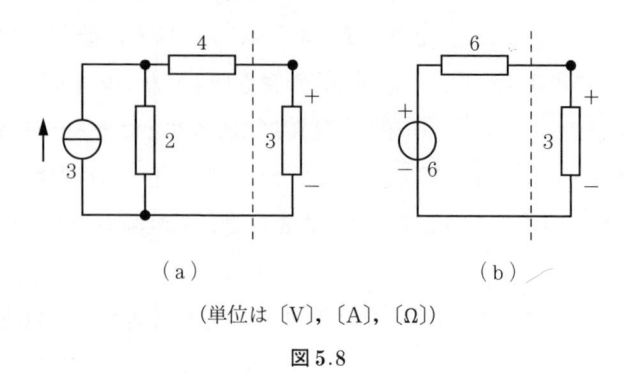

（単位は〔V〕,〔A〕,〔Ω〕）

図 5.8

**【解答】** 図（a）破線の位置に端子を想定して，左側の回路に鳳-テブナンの定理を適用すると，端子開放電圧は 6V，内部抵抗は 6Ω だから，図（b）の破線左側のように描き直される。ここに 3Ω の抵抗を接続すれば，電圧の配分を考えて，電圧は 2V となる。

この程度の簡単な問題なら，鳳-テブナンの定理を持ち出すまでもない。しかし回路図を見ただけで定理を使えるようにしてほしい。　　　◆

**例題 5.5** 図 5.9（a）の回路で 1Ω の抵抗を流れる電流を求めよ。

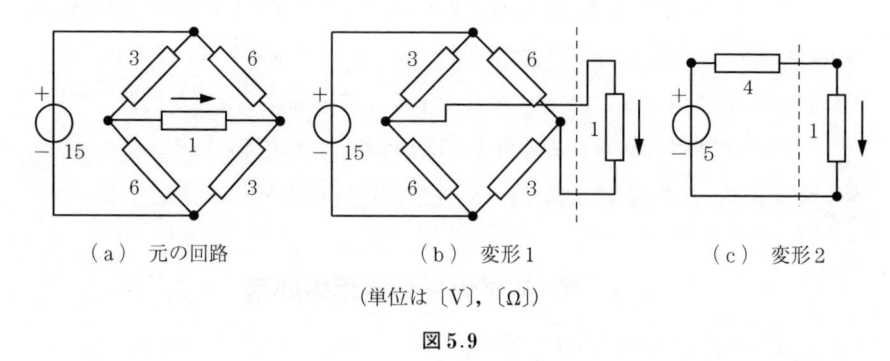

（a）元の回路　　　　（b）変形 1　　　　（c）変形 2

（単位は〔V〕,〔Ω〕）

図 5.9

**【解答】**　この回路はブリッジの形だが，バランス条件を満たしていないから，簡単な計算はできない。回路方程式を作ると，未知数3個，方程式3個になる。計算すれば答が出るが，少し面倒である。しかし鳳-テブナンの定理を使えば，以下のように簡単に答が出る。

図（a）から問題の抵抗を引き出して，図（b）のように考える。この図の破線左側を鳳-テブナンの定理で描き換える。左側だけで考えるから，端子開放電圧は電圧の配分で計算され，右下の3Ωと左下の6Ωの電圧（それぞれ5Vと10V）の差で，5Vとなる。

内部抵抗は，3Ωと6Ωが並列になり（2Ω），同じものが2個直列になっているから，結局4Ωになる（図を見ながら丁寧にたどってほしい）。これで図（c）の破線左側が得られた。ここに1Ωを接続すれば，流れる電流は1Aである。◆

## 5.6 相 反 の 定 理

**図5.10**の回路について，閉路方程式を作ってみよう。

$$
\begin{aligned}
5I_1+2I_2&=V_1\\
2I_1+3I_2&=V_2
\end{aligned}
\qquad (5.5)
$$

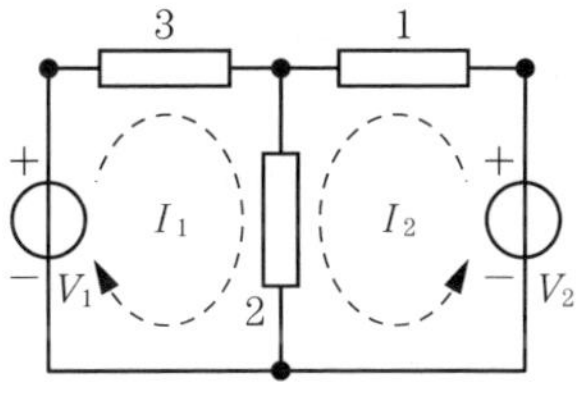

（単位は〔V〕，〔Ω〕）

**図5.10**　回路の例

方程式を作るときに気がついたと思うが，$I_1$の閉路について作った方程式（第1式）での$I_2$の係数2と，$I_2$の閉路について作った方程式（第2式）での$I_1$の係数2は等しい。つまり係数を行列の形に並べて

$$
\begin{bmatrix} 5 & 2 \\ 2 & 3 \end{bmatrix} \qquad (5.6)
$$

とするとき，左上から右下に引いた対角線（上式の破線）に関して対称の位置にある係数は等しい。これは閉路方程式の作り方を考えれば当然である。回路がもっと複雑な場合でも，行列は対称になる。節点方程式の場合にも同じ性質

がある。

**相反性**　この性質のために，つぎのことが生じる。まず第1の場合として，$I_1=1$ A，$I_2=0$ のときの $V_2$ を求める。閉路方程式（5.5）の第1式から

$$V_2 = 2 \text{ V} \tag{5.7}$$

第2の場合として，$I_1=0$，$I_2=1$ A として $V_1$ を求める。第2式から

$$V_1 = 2 \text{ V} \tag{5.8}$$

となる。方程式の係数が対称であるために，両者は等しくなる。つまり $I_1$ から $V_2$ への影響と，$I_2$ から $V_1$ への影響は等しい。

これは「おたがいさま」の関係である。電圧源からの電流を原因，他側の電圧を結果として，**図5.11**（a），（b）のように，回路の左右二つの異なる場所での原因・結果の関係を考えている。上の結果は，図（c）のようにたがいに同じ影響を及ぼすということを意味する。

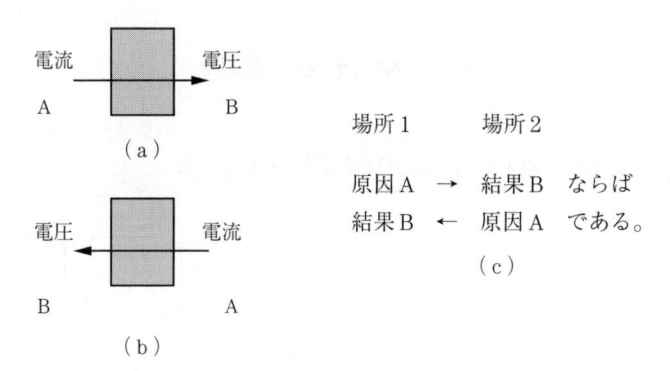

　　電流　　　　電圧
　A　　　　　　　B
　　　　（a）

場所1　　場所2

原因A　→　結果B　ならば
結果B　←　原因A　である。
　　　　（c）

　　電圧　　　　電流
　B　　　　　　　A
　　　　（b）

**図5.11**　相　反　性

上の性質を相反性という。電圧源，電流源，抵抗からできている回路では，相反性が成立する。証明をしないが，相反である素子や回路をいくつどのように接続しても，できる回路は相反である。

電気以外のいろいろな現象についても，相反性が考えられる。X君とY君が口論をしている。Xが「馬鹿者」というと，Y君は腹を立て顔が紅潮した。つぎにYが同じく「馬鹿者」というと，X君も同じくらい腹を立てて顔が紅潮した。これで二人の影響力が同じということになる（**図5.12**）。世の中に

図5.12 二人の喧嘩

は，二つの物の関係として，相反性が成立する場合，成立しない場合がある．相反性のもとでは，関係は限定され簡単化される．

**注意** 図5.10では電圧源と電流の立場を場所1と場所2で取り替えたが，立場は両側で同じように定義されなければならない．この場合，電圧源 $V_1$ の＋側から流れ出る電流を $I_1$ としているから，電圧源 $V_2$ の＋側から流れ出る電流を $I_2$ とする．「立場が完全に対等」という条件を守らないと，相反性は成立しない．

## 5.7 最小原理

再び図5.1（a）の回路に戻り（図5.13に再掲），閉路方程式

$$5I_1+2I_2=8$$
$$2I_1+6I_2=-2 \quad (5.9)$$

を考えよう．

いまの回路では，全電源から供給される電力は

$$P_S=8I_1+(-2)I_2 \quad (5.10)$$

全抵抗が受け取る電力は

$$P_R=3I_1^2+2(I_1+I_2)^2+4I_2^2 \quad (5.11)$$

理由はないが，つぎの式を考える

$$W=2P_S-P_R \quad (5.12)$$

式(5.10)からここまでは，閉路電流という電流の連続性は認めているが，回

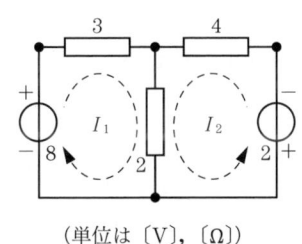

図5.13 回路例

路方程式 (5.9) を用いていない。つまり回路方程式を満足しない閉路電流を勝手に考えても，式 (5.12) は意味をもつ。

いろいろ勝手に想定した電流の中で，式 (5.12) を最小にする電流を求めてみる。$W$ を $I_1$ で微分（偏微分）して 0 とおくと

$$5I_1 + 2I_2 = 8 \tag{5.13}$$

$W$ を $I_2$ で微分（偏微分）して 0 とおくと

$$2I_1 + 6I_2 = -2 \tag{5.14}$$

となり，閉路方程式 (5.9) が得られる。

つまり回路方程式とは関係なく電力を組み合わせた式 (5.12) を作り，電流はそれが最小になるように自分たちで調整するのだと思っても，回路方程式が成立し，実際に流れる電流が得られる[†]。

電気回路には意思がないのに，ある目的をもって行動しているかのように解釈をすることができる。このような「見かけ上の合目的性」は，電気以外の現象でも見られる。

## 演 習 問 題

（1） 2章の問題（1）を，重ね合わせの原理によって解け。

（2） 図 5.14 の回路で，2Ω の抵抗にかかる電圧を，重ね合わせの原理を

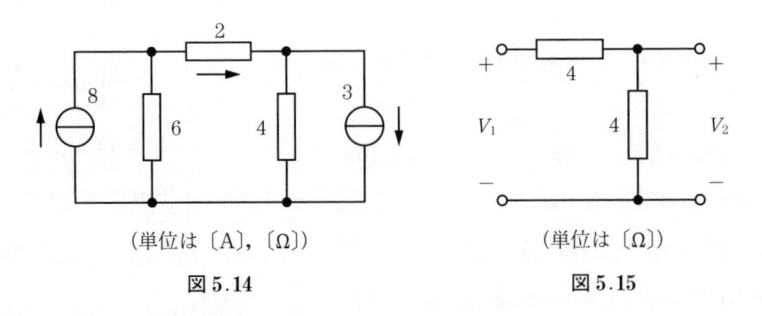

図 5.14 （単位は〔A〕, 〔Ω〕）

図 5.15 （単位は〔Ω〕）

---

[†] 式 (5.12) で電源からの電力が 2 倍されるのは少し不自然な気がするが，電源がどこかにエネルギーを供給しようとするとき，2 倍という数字がときどき表れる（例えば例題 2.3）。このことにはあまりこだわらないほうがよい。

用いて求めよ．
（3） 世の中の電気以外の現象で，重ね合わせの成立する場合，成立しない場合の例を挙げよ．
（4） 世の中の電気以外の現象で，相反性の成立する場合，成立しない場合の例を挙げよ．
（5） 図 5.15 の回路で $V_1=1\,\text{V}$ とすると $V_2=0.5\,\text{V}$ であるが，$V_2=1\,\text{V}$ とすると $V_1=1\,\text{V}$ である．相反性が成立しないようにみえるが，なにが誤りか．
（6） 図 5.16 で電位を未知数にとると，最小原理はどのようになるか．

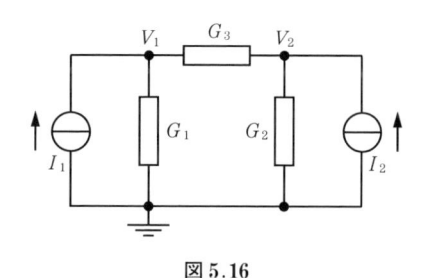

図 5.16

（7） 電力については重ね合わせが成立しない．これを問題（2）の場合について説明せよ．
（8） 図 5.17 の回路で，$1\,\Omega$ の抵抗を流れる電流を求めよ．

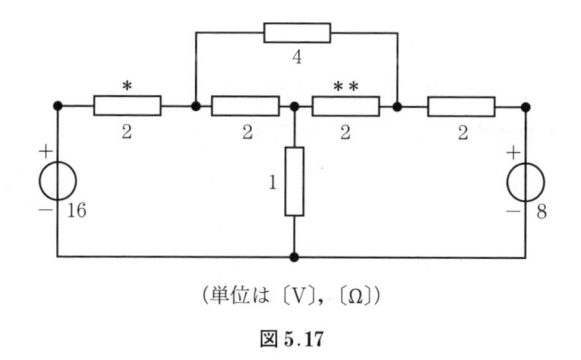

（単位は〔V〕，〔Ω〕）

図 5.17

# 6 変化する電圧・電流

## 6.1 状態の変化

5章までは，直流回路を考え，電圧，電流は時間と関係なく一定の値をとるとして計算をした．いわば回路の状態は，無限の過去から無限の未来まで一定不変だとしている．実際にはそんなことはない．回路はある有限の過去に組み立てられ，いずれは動作を終える．

川の水が流れるのを見れば，「流れがいつまでも同じだ」と思ってよさそうである．われわれの日常生活は無限に続くはずがないが，たいていの人は「明日も同じだ」と思っている．だいたいはそのとおりだ．

直流回路でも，電気機械を動作させるために電源に接続し，スィッチを入れると，その直後の電圧や電流はいろいろと変動し，やがて回路は一定の状態に落ち着く．その後は電圧，電流は一定だと考えてもよいだろう．しかし問題によっては，一定の状態に落ち着くまでの途中経過を考えなければならない．

**過渡現象と定常状態**　回路の状態が時間とともに変化すると考えるとき，過渡的な状態（過渡現象）という．それに対して一定の状態を定常状態という．厳密にいえば，実際の現象はすべて過渡現象である．状態を定常状態と考えるか，過渡現象と考えるかは，ものの見方の問題である．「どちらが正しいか」ではなく，「どちらが目的に沿った見方か」で決めるべきだ．

本章と次章では，過渡現象の解析方法を学ぶ．これは単に過渡現象を理解するだけでなく，その奥にある回路やシステムの性質を理解するために重要である．

## 6.2 回 路 素 子

ここまでは，電圧源，電流源，抵抗の3種類の回路素子を考えてきた。これらの素子だけから構成される回路では，時間と関係なく回路の状態を求めることができる。つまり「その瞬間」だけを考えて，回路の状態が計算できる。

これに対して，回路の状態が時間とともに変化するときには，「その瞬間」のデータだけからでは，状況を完全に知ることができない。図 6.1 のように野球のボールが飛んでくる。それをつかもうとするとき，「現在の位置」を知るだけではうまくボールをつかめない。ボールはそこに静止しているかもしれないし，凄い勢いで飛んでいるのかもしれない。位置だけでなく，速度も知らないとうまくつかめない。位置だけでなく，その変化（微分）が必要になる。

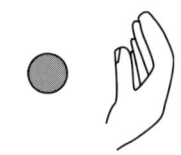

図 6.1 現在の位置だけでは

上の場合，バットで打ったという過去の経過が，現在の状態に影響しているとも考えられる。図 6.2（a）では，3本のパイプから水が流れる。ここに貯水槽があり，一時的に水をためたり放出したりすると，3本のパイプの水の流れは合計 0 にならない。つまり過去の履歴が現在の状態に影響している。

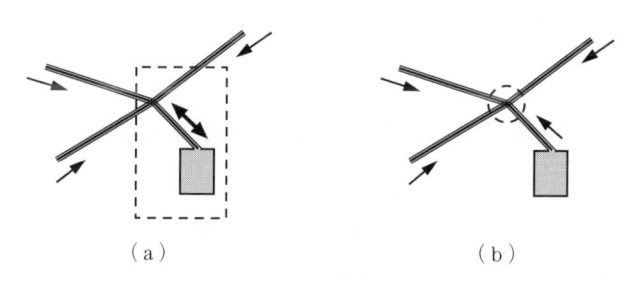

（a） （b）

図 6.2 貯水槽があるとき

水のバランスを計算するには，貯水槽への水の出入りも計算に入れなければならない。図（b）のように貯水槽も外に出して図の点線の範囲を考えれば，水の出入りはバランスしている。

図6.1のボールは，運動エネルギーをどれだけもっているかが問題であるともいえる。図6.2の貯水槽は水を蓄え，放出する。電気回路でも，電荷やエネルギーを蓄える素子が重要な役をする。それがキャパシタであり，インダクタである。

## 6.3 キャパシタ

キャパシタ（コンデンサともいう）は，電荷をためることによってエネルギーを蓄える。基本的な構造としては，図6.3（a）のように2枚の金属板（電極という）が相対していると思ってほしい。それぞれの電極は回路のどこかに接続されている。また電極の間は真空，空気，あるいは高抵抗の材料で絶縁されており，電荷が通過することはできない。

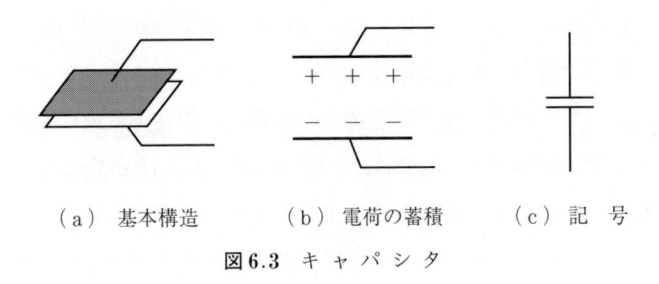

　　　　（a）基本構造　　　（b）電荷の蓄積　　　（c）記　号
図6.3　キャパシタ

電荷には＋と－があり，符号の違う電荷は引き合う。なんらかの原因で図の上側の電極に＋電荷が蓄えられると，それは下側の電極に－電荷を引き寄せようとする。もし下側の電極へ電流の通路があれば，それを通って－電荷が流れ込んでくる（図（b））。

この電荷の引き寄せ合いは，上側の＋電荷と下側の－電荷が同量になって落ち着く。2種類の電荷はたがいに引き合って，簡単には逃げ出せない。

ほとんど瞬間的に上側と下側の電荷は正負同量になり，その後電極から電荷が出入りするときも，両側で同じ量が出入りする。計算では，正負の電荷がいつも同量だとしてよい。

キャパシタは，このように電荷を蓄える性質がある。キャパシタの記号は図(c)である。

＋の電荷を蓄えた電極は電位が高くなる。高い電位にある＋の電荷は，低い電位に流れると仕事ができる（このとき流れ込んだ＋の電荷は－の電荷と打ち消し合い，ともに消滅する）。その意味でキャパシタは，エネルギーを蓄えるといえる。

**水槽との比較**　「電荷を蓄える」という意味で，図 6.4（a）キャパシタは図（b）の水槽にたとえられる。水槽は長方体で，流れ込んだ水を蓄える。ただしこれは「蓄える」というだけのたとえである。キャパシタの電極は 2 個あり，水槽は 1 個しかないから，「どの電極が水槽か」などと細かく考えないでほしい。

（a）キャパシタ　　　　（b）水　槽

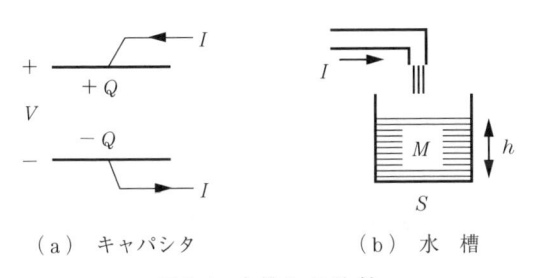

図 6.4　水槽との比較

図（b）で水槽の底面積を $S$，水の深さを $h$ とすると，水槽の水の量 $M$ は

$$M = Sh \tag{6.1}$$

となる。

これに対して図（a）のキャパシタでは，電荷 $Q$ が水の量 $M$ に相当し，電位差 $V$ が水の深さ $h$ に相当する。式（6.1）に対応して，次式が成立することを理解してほしい。

$$Q = CV \tag{6.2}$$

図 6.4 の対応関係を頭に入れると，キャパシタの計算に実感がもてる。式（6.2）で水槽の底面積に相当する比例定数 $C$ は正の値をとり，キャパシタンスという。キャパシタンスの単位は〔F〕（ファラド）である。

**キャパシタの基本式**　図 6.4（b）のように水が流れ込むと，水槽の水は時間とともに増える。毎秒流れ込む水を $I$ とすると，時間 $\Delta t$ に水は $I\Delta t$ だけ増える。すなわち水の増加 $\Delta M$ は，つぎのようになる。

$$\Delta M = I\Delta t \tag{6.3}$$

キャパシタでも同じで，電荷 $+Q$ の側の電極に電流 $I$ が流れ込むとき（もう一方の電極からは電流 $I$ が流れ出る），電荷の増加分は

$$\Delta Q = I\Delta t \tag{6.4}$$

$\Delta t$ がごく短時間だとすれば，式 (6.4) は微分の形になる。

$$I = \frac{dQ}{dt} \tag{6.5}$$

さらに式 (6.2) を用い，$C$ が一定であるとすると，つぎのようになる。

$$I = C\frac{dV}{dt} \tag{6.6}$$

式 (6.2)，(6.5) が本来の表現だが，回路の計算では電圧と電流を使うことが多いから，式 (6.6) のほうが便利である。

## 6.4　インダクタ

過渡現象で重要な役割をする素子がもう一つある。それはインダクタである。基本的な構造は，図 6.5（a）のように導線で作られたコイルである。電磁気学によれば，電流が流れると磁界（磁力線）が発生する。近くに磁石を置くと振れ，鉄片があると吸い付けるので，磁界の生じたことがわかる。

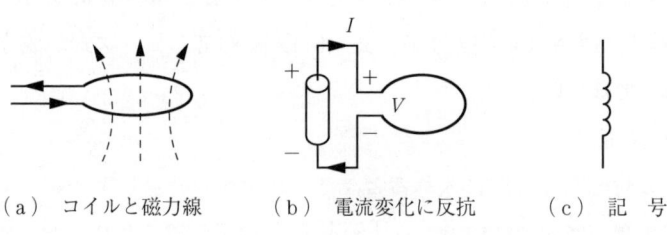

　　（a）コイルと磁力線　　（b）電流変化に反抗　　（c）記　号
図 6.5　インダクタ

磁力線は「保守的」である（現状を変えたくない）。いま図（b）のように電池にコイルを接続して電流を流すと，コイルから磁力線が発生する。つぎに電流を増やそうと考え，電池の電圧を大きくする。電流は増えようとするが，電流が増えると磁力線が増える。磁力線は保守的で，「それはしたくない」と考え，電圧の増加に反抗してコイルに電圧を発生し，電流が増えないように努力する。

**インダクタの基本式**　以上が基本的な動作である。つまりコイルを流れる電流が増えようとすると，コイルは電流の増加を阻止する方向の電圧を発生する。式で書くとつぎのようになる。

$$V = L\frac{dI}{dt} \tag{6.7}$$

ここで電流の向き，電圧の＋，－は図のようになる。このような作用をするコイルをインダクタという。比例定数は正の定数で $L$ と書き，インダクタンスという。単位は〔H〕（ヘンリー），記号は図（c）のように描く†。

## 6.5　基本式のまとめ

以上学んだことを整理して，抵抗と比較してまとめる（**図 6.6**）。電圧と電流を図のようにとると，基本式はつぎのようになる。

$$I = C\frac{dV}{dt}, \qquad V = L\frac{dI}{dt} \tag{6.8}$$

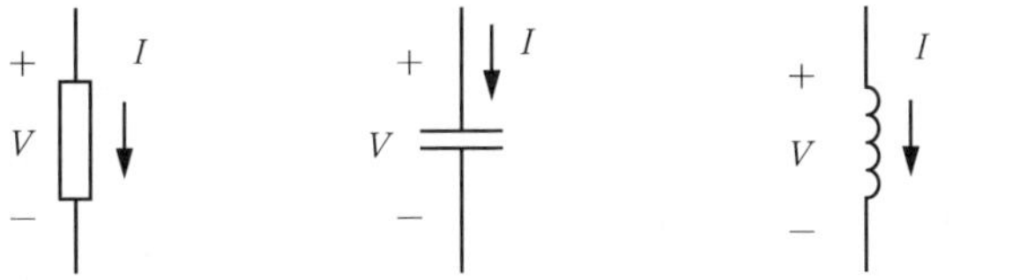

（a）抵　抗　　（b）キャパシタ　　（c）インダクタ

**図 6.6　ま　と　め**

---

†　インダクタの旧記号として ‒⁓⁓⁓‒ がよく用いられた。

**電圧・電流の向き**　図 6.6 のように，電圧の符号と電流の向きは必ず抵抗と同じにとる。つまり電流が電圧の＋から－に向かって流れるようにとる。そのとき式（6.8）が適用でき，$L$ と $C$ は正値になる。「逆にとったから－を付けて…」などと考えるのは間違いの元である。

**直列・並列**　式（6.8）は微分演算が入っただけで，電圧・電流の関係は抵抗と同じだから，直列，並列などの関係式は同じように当てはまる。

式の中での電圧・電流の位置に注意してほしい。インダクタを直列にすれば，インダクタンスは抵抗と同じように加算になる。キャパシタを並列にすれば，キャパシタンスはコンダクタンスと同じように加算になる。インダクタの並列，キャパシタの直列の場合も，抵抗，コンダクタンスと同じように考えてよい。

**双対性**　式（6.8）の二つの式は，電圧と電流を取り替えると同じ形になる。これも双対性である（3.3 節でも論じた）。キャパシタとインダクタは，動作原理が違うのに，数式が似た形になるのは面白い。

## 6.6　過渡現象の方程式

図 6.7（a）の回路について方程式を作る。ここで電圧源は直流（つまり定数）だとする。素子の電圧，電流の扱いは前節で学んだ。回路中の電圧・電流が変化するとき，キルヒホッフの法則はどうなるのだろうか。

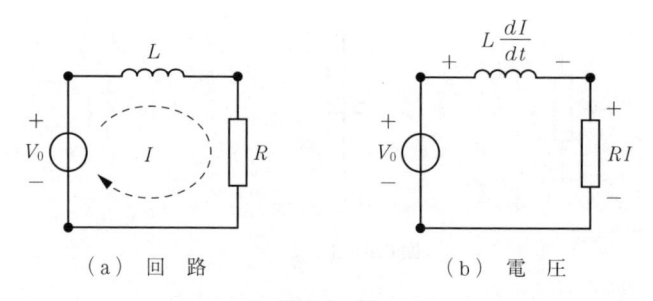

（a）回　路　　　　　　　（b）電　圧

図 6.7　例

6.7 微分方程式について　　75

**回路方程式**　　キルヒホッフの電流則については，図6.2について論じたように，電流をすべて考えれば，各瞬間で電流の合計を0としてよい。電圧則については，写真を撮るようにある瞬間を考えれば，高さの概念はその瞬間にも成立しているはずだから，「一回りして0」としてよい。結局キルヒホッフの電流則・電圧則は，電圧・電流が変化するときでも各瞬間に成立する。

この問題では，閉路電流 $I$ を図のようにおく。閉路電流を仮定したから，電流則は自動的に成立する。素子の性質に従って電圧を図示すると図（b）になる。一回りして0とおくと，次式が得られる。

$$RI + L\frac{dI}{dt} - V_0 = 0 \tag{6.9}$$

未知数を左辺に，既知項を右辺に整理すると次式になる。

$$L\frac{dI}{dt} + RI = V_0 \tag{6.10}$$

左辺には，未知数 $I$ とともにその微分が含まれている。このような方程式を微分方程式という。式（6.10）は，「線形定数係数」という形の微分方程式で，以下で説明するように簡単に解くことができる。

## 6.7　微分方程式について

数学的な知識が足りない読者のために，式（6.10）の形の微分方程式の解き方を説明する。

**微分方程式はどのようなものか**　　微分方程式はどのようにして作られるのか。例として次式を考えよう。

$$y = mx + m^2 \tag{6.11}$$

ここで $m$ はいろいろな値をとる定数である。$m=1$ とおくと $y=x+1$，$m=-1$ とおくと $y=-x+1$ というように，式（6.11）は一群の直線を表している。

この直線群を表す式を，$m$ を含まない形で導きたい。式（6.11）から $m$ を

消去すればよいのだが，それにはこの式のほかにもう一つ式が必要である。そこで式 (6.11) の両辺を $x$ で微分して，もう一つ式を作る（以下で混乱する恐れがないときには，微分を ′ で表す）。

$$y' = m \tag{6.12}$$

式 (6.11)，(6.12) から $m$ を消去する。この場合には，ただ式 (6.12) を式 (6.11) に代入すればよい。

$$y = xy' + (y')^2 \tag{6.13}$$

これがこの場合の微分方程式である。つまり微分方程式は，不定の定数（任意定数という）を含む一群の式から，任意定数を消去して得られたのだと考えればよい。

**微分方程式の解**　微分方程式 (6.13) が与えられたとき，方程式を満足する数式は，すべて解である。例えば $y = x + 1$ は解である。それは任意定数 $m$ に特別な値を与えたものという意味で，特解という。

しかし元の式 (6.11) のように任意定数を含む解が求められれば，それが最も一般的な解だといえる。これを一般解という。単に微分方程式を解くというと，その一般解を求めることをいう。次節でその計算法を学ぶ。

じつは微分方程式 (6.13) には，もう一つ奇妙な解が存在する。突然つぎの式を思いついたとする。

$$y = -\frac{x^2}{4} \tag{6.14}$$

方程式 (6.13) に代入してみると，確かに満足しているから解である。しかしこれは 2 次式だ。一般解 (6.11) は 1 次式だから，$m$ にどのような値を入れても式 (6.14) は作れない。これは特別な解で，特異解という。幸いこれから学ぶ微分方程式には，特異解は現れない。

## 6.8　微分方程式の解法

式 (6.10) の解法を説明しよう。ここに式 (6.15) として再掲する。問題は

$$L\frac{dI}{dt}+RI=V_0 \tag{6.15}$$

の一般解を求めることである。

これをつぎの二つの問題に分解して考える。第1は

$$L\frac{dI_T}{dt}+RI_T=0 \tag{6.16}$$

の一般解 $I_T$ を求めることであり，第2は元の方程式

$$L\frac{dI_S}{dt}+RI_S=V_0 \tag{6.17}$$

だが，特解 $I_S$ を求めることである。

この二つの問題が解けたとしよう。式 (6.16) と (6.17) の両辺の和を作ると，次式になる。

$$L\frac{d(I_T+I_S)}{dt}+R(I_T+I_S)=V_0 \tag{6.18}$$

この結果を元の方程式 (6.15) と見比べると，$I=I_T+I_S$ が解になっていることがわかる。しかも $I_T$ は式 (6.16) の一般解だから任意定数を含んでおり，この $I$ は，元の方程式 (6.15) の一般解になる。

**式 (6.16) の一般解**　　これで方針が決まったから，個々の問題を解決しよう。第1の問題，つまり式 (6.16) の一般解を求めるには，つぎのように解を仮定すればよい。

$$I_T=Ae^{pt} \tag{6.19}$$

ここで $A$, $p$ は定数とする。

式 (6.19) を式 (6.16) に代入する。指数関数 $e^x$ の微分は指数関数 $e^x$ である。また「関数の関数の微分」の公式を思い出してほしい。

$$(Ae^{pt})'=pAe^{pt} \tag{6.20}$$

であるから，式 (6.16) はつぎのように整理される。

$$(pL+R)Ae^{pt}=0 \tag{6.21}$$

積が0であるから，少なくともどれかが0でなければならない。$A=0$ でもよいが，そのときには $I=0$ となる。これも解だが，任意定数をもたないので

一般解にならない。指数関数は0にならないから，結局次式が成立しなければならない。

$$pL+R=0 \quad \therefore \quad p=-\frac{R}{L} \tag{6.22}$$

以上で$p$が定数として決まり，$A$は任意定数である。これで式(6.19)が第1の問題の一般解として求められた。

**式(6.17)の特解**　第2の問題については，特解を求めるのだから，式が成立しさえすればよい。特解を探すには，右辺に近い形を試すのが一つのやり方である。いまの場合右辺が定数だから，$I_S$も定数とおいてみる。定数を微分すれば0だから，次式のようになる。

$$RI_S=V_0 \quad \therefore \quad I_S=\frac{V_0}{R} \tag{6.23}$$

定数と仮定して定数が得られたのだから，これでよい。

**求める一般解**　以上の$I_T$と$I_S$の和を作ると，つぎのように式(6.15)の一般解が求められる。

$$I=Ae^{pt}+\frac{V_0}{R}, \quad p=-\frac{R}{L} \tag{6.24}$$

## 6.9　固　有　振　動

前節で学んだことを整理しよう。

$$L\frac{dI}{dt}+RI=V_0 \tag{6.25}$$

の一般解は

$$L\frac{dI_T}{dt}+RI_T=0 \tag{6.26}$$

の一般解と

$$RI_S=V_0 \tag{6.27}$$

の特解の和である。式(6.17)で$I_S$を一定としたから，微係数を0とおいた。

上の関係を回路の上で考えよう。三つの式を回路に描くと，**図6.8（a）**〜

## 6.9 固有振動

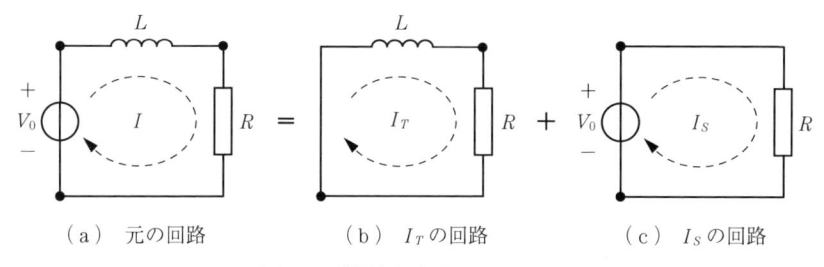

(a) 元の回路　　　(b) $I_T$ の回路　　　(c) $I_S$ の回路

**図6.8** 過渡解の解釈　$I = I_T + I_S$

(c) になる。ただし図 (b) では，式 (6.26) の右辺が 0 であることに対応して，電圧源を短絡で置き換えてある。また (c) ではインダクタを導線で置き換えてある。

図6.8の (b) の電流と (c) の電流を加えると，(a) の電流になる。つまり回路 (b) と回路 (c) を重ね合わせると，回路 (a) になるのだと考えてよい。

(c) の回路では，電源は直流である。「俺は直流だから直流電流しか流さない」と電源が宣言すると，インダクタは短絡（導線）と同じになる。もしキャパシタがあれば，電流が 0 だから開放（切れている）と同じになる。その状態で直流回路として計算すれば $I_S$ が求められる。電源が直流の場合には，$I_S$ を定常項と呼ぶことがある。

**鐘が鳴るのと同じ**　(b) の回路では電源がない。しかし電流 $I_T$ が流れる。電源は現在は存在しないが，過去になにかがあったかもしれない。寺の鐘を考える。鐘を撞木で打つと，すぐ撞木ははね返される。離れた撞木から鐘には力が働かない（**図6.9**）。力は働いていないが鐘は鳴っている。これが図

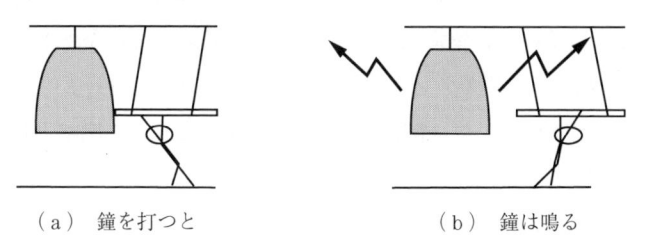

(a) 鐘を打つと　　　(b) 鐘は鳴る

**図6.9** 鐘と撞木

6.8（b）の回路の状態に相当する。

　鐘の打ち方によって音の大小があるが，音色はいつも同じである。回路の場合にも，係数 $A$ はいろいろな値になるが，$pt$ を肩にもつ指数関数という関数の形は変わらない。これは回路が電源の力を借りずに流している電流であり，回路の性質を強く反映している。電源がなくても生じる電圧・電流を，回路の**固有振動**という。また $I_T$ を**過渡項**という。

## 6.10　固有振動の求め方

　ここまでの説明からわかるように，固有振動は指数関数

$$Ae^{pt} \tag{6.28}$$

の形をしている†。

　$p$ は計算すれば決まる定数だから，決まったことにして，電圧，電流が式 (6.28) の形であるとすると，インダクタ，キャパシタの基本式 (6.8) は，つぎのようになる。

$$V = pLI, \qquad I = pCV \tag{6.29}$$

　式 (6.29) はオームの法則と同じ形である。つまりインダクタは $pL$ という抵抗，キャパシタは $pC$ というコンダクタンス（すなわち $1/pC$ という抵抗）だと考えてよい。そうすれば直流回路と同じ計算になる。後でも出会うが，「直流回路と同じ計算にしてしまおう」というのが，電気回路理論の一貫した考え方である。

　例として先の回路 6.7（a）について考えよう（**図 6.10（a）**として再掲）。固有振動を求めるには，電源を 0 とおき，インダクタ $L$，キャパシタ $C$ をそれぞれ抵抗 $pL$，コンダクタンス $pC$ で置き換える（図（b））。

　図（b）の回路について，閉路電流 $I_T$ を未知数において閉路方程式を作る。

$$(pL + R)I_T = 0 \tag{6.30}$$

---

† 滅多に起きないことだが，これには例外がある。微分方程式についてさらに勉強するか，ラプラス変換を学ぶと理解できる。

6.10 固有振動の求め方

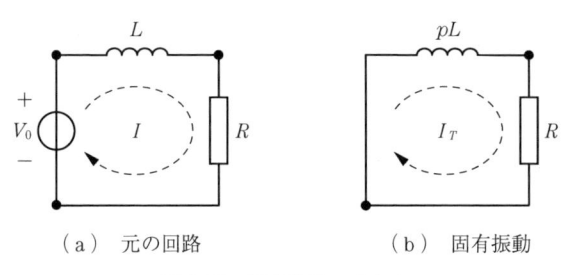

（a）元の回路　　　　（b）固有振動

**図 6.10**　固有振動の求め方

右辺は 0 である。0 でない電流を求めるためには

$$pL+R=0 \tag{6.31}$$

でなければならない。これから $p$ が求められ，前と同じ値になる。

---

**例題 6.1**　図 6.11（a）の回路について，固有振動を求めよ。

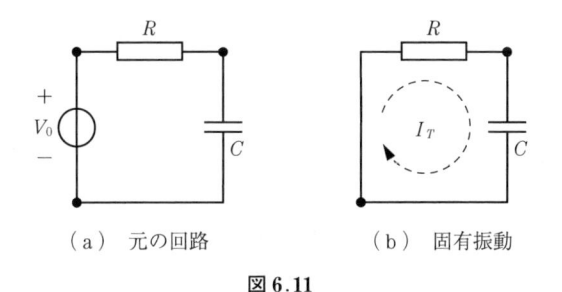

（a）元の回路　　　　（b）固有振動

**図 6.11**

---

【解答】　閉路方程式を作ると（図（b））

$$\left(R+\frac{1}{pC}\right)I_T=0 \tag{6.32}$$

括弧内を 0 とおくと

$$p=-\frac{1}{CR} \tag{6.33}$$

この $p$ を用いて，固有振動は $Ae^{pt}$ と表される。節点方程式を用いても同じ結果になる。試みてほしい。　◆

---

**例題 6.2**　図 6.12（a）の回路について，固有振動を求めよ。

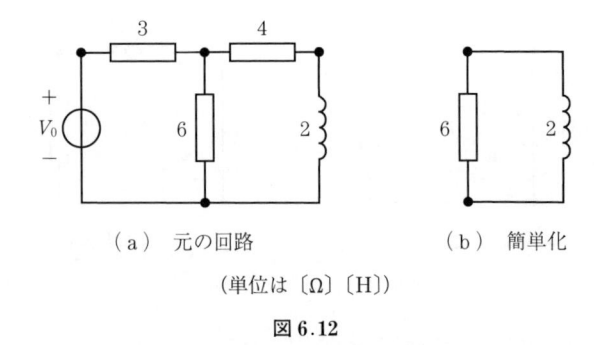

## 6. 変化する電圧・電流

```
      3        4
  ┌──▭──┬──▭──┐           ┌─────┬─────┐
  │     │     │           │     │     │
+ │     ▭6    ⌇2          ▭6    ⌇2
V₀│     │     │           │     │     │
- │     │     │           │     │     │
  └─────┴─────┘           └─────┴─────┘
   （a）元の回路           （b）簡単化
       （単位は〔Ω〕〔H〕）

          図 6.12
```

**【解答】** 電圧源を短絡で置き換える。直流回路と同じになれば，三つの抵抗は一つにまとめてもよい。並列，直列でまとめると $6\,\Omega$ になる。(図(b))。これから $p=-3$ となり，固有振動は $Ae^{-3t}$ となる。 ◆

**例題 6.3** 図 6.13 の回路について，固有振動を求めよ。

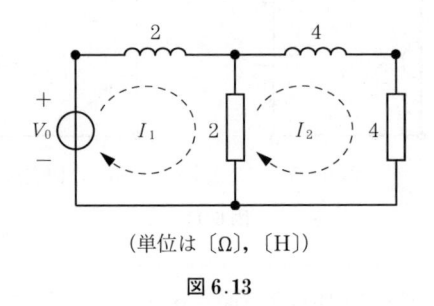

```
         2         4
     ┌──⌇──┬──⌇──┬─────┐
   + │     │     │     │
  V₀ │ I₁  ▭2  I₂ ▭4
   - │     │     │     │
     └─────┴─────┴─────┘
        （単位は〔Ω〕,〔H〕）

              図 6.13
```

**【解答】** 慣れたと思うので，問題図のままで考える。電圧源を短絡で置き換え，図のように閉路電流をとると，閉路方程式がつぎのように得られる。

$$(2p+2)I_1 - 2I_2 = 0 \\ -2I_1 + (4p+6)I_2 = 0 \tag{6.34}$$

これから例えば $I_2$ を消去すると†

$$(8p^2 + 20p + 8)I_1 = 0 \tag{6.35}$$

---

† 行列を知っていれば，ここから一気に式 (6.36) が導かれる。行列の知識は重要だから，まだ勉強していない人は早い機会に勉強してほしい。

0 でない電流を求めるためには

$$8p^2+20p+8=0$$

$$\therefore \quad p=-2, \quad -\frac{1}{2} \tag{6.36}$$

したがって固有振動は

$$A_1 e^{-2t}, \quad A_2 e^{-t/2} \tag{6.37}$$

となり，二つの固有振動が共存する。$I_2$ についても解いても同じ結果になる。

まだ少しの例題しか経験していないが，固有振動の数が回路中のインダクタ，キャパシタの総数に等しいという一般的性質が推察できると思う。 ◆

## 演 習 問 題

（1） $10\,\mu\mathrm{F}$ のキャパシタに $5\,\mathrm{mA}$ の電流が流れ込んでいる。電圧はどのような勢いで上昇するか。

（2） $5\,\mathrm{H}$ のインダクタに $4\,\mathrm{A}$ の電流が流れている。いま $2\,\mathrm{ms}$ の時間をかけてこの電流を切断しようとすると，最低どれだけの電圧が発生するか。

（3） つぎの微分方程式の一般解を求めよ。

$$3y'-6y=6 \tag{6.38}$$

（4） 図 6.14 の回路で，電圧 $V$ についての微分方程式を作り，一般解を求めよ。また 6.9 節，6.10 節の説明により，微分方程式を経由しないで定常項と過渡項を求めよ。

（5） 電磁気学によれば，面積 $S$ の 2 枚の導体板が距離 $d$ を隔てて相対しているとき，その間のキャパシタンス $C$ は次式で表される。

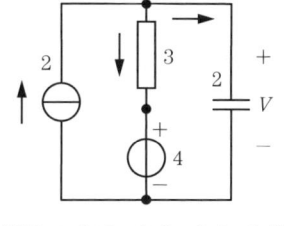

（単位は〔V〕，〔A〕，〔Ω〕，〔F〕）

**図 6.14**

$$C = \varepsilon_0 S/d, \qquad \varepsilon_0 = 8.9 \times 10^{-12} \text{ F/m} \qquad (6.39)$$

身近な物体の寸法を当てはめてキャパシタンスを計算してみよ。例えば一辺 30 cm の正方形の板 2 枚が 1 cm の間隔で相対しているとき、キャパシタンスはいくらになるか。

（6） 図 6.15 のようにドーナッツ形にコイルが $n$ 回重ねて巻いてあるとき、そのインダクタンスは近似的に次式で与えられる。

$$L = \mu_0 R n^2 \left\{ \log\left(8\frac{R}{a}\right) - 1.75 \right\}$$

$$\mu_0 = 1.26 \times 10^{-6} \text{ H/m} \qquad (6.40)$$

（log は自然対数）。$a = 1$ cm, $R = 30$ cm で 20 回巻いてあるコイルのインダクタンスはいくらになるか。

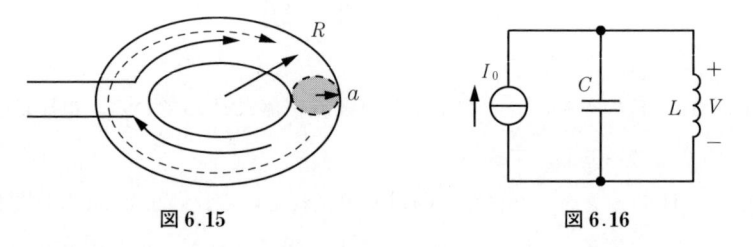

図 6.15

図 6.16

（7） 式 (6.40) にあるように、コイルが同じ形に $n$ 回重ねて巻いてあると、そのインダクタンスは $n^2$ に比例する。これを定性的に説明せよ。

（8） 図 6.16 の回路で電圧 $V$ についての微分方程式を作れ。また固有振動を求めようとすると、どのようなことが起きるか。ここで $I_0$ は直流である。

# 7 過渡現象の計算

## 7.1 初 期 条 件

図7.1の回路について考えよう。前章で学んだように、この回路の電流 $I$ の一般解は、直流回路として計算される $I_S$（定常項）と、電源を 0 として計算される $I_T$（過渡項、固有振動）の和になる。

$$I = I_S + I_T$$

$$I_S = \frac{V_0}{R}, \qquad I_T = Ae^{pt}, \qquad p = -\frac{R}{L} \tag{7.1}$$

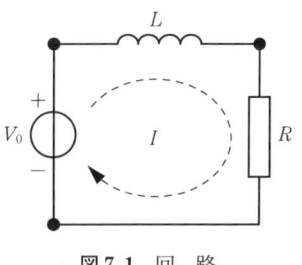

図7.1 回 路

上の一般解は任意定数 $A$ を含んでいるから、このままでは電流の数値は決まらない。任意定数は一つだけだから、なにか一つ条件を与えれば $A$ が決まる。普通は観察を始めた時刻を $t=0$ とし、そのときの変数（この場合 $I$）の値 $I_0$ を指定する。これを初期条件という。

初期条件が与えられたとして計算しよう。式 (7.1) で $t=0$ とおくと

$$I_0 = \frac{V_0}{R} + A \qquad \therefore \quad A = I_0 - \frac{V_0}{R} \tag{7.2}$$

この $A$ を元の式 (7.1) に代入すれば、$t=0$ 以降の各時刻での電流の値が決まる。整理して、つぎのように書く。

$$I_0 = \frac{V_0}{R} + \left(I_0 - \frac{V_0}{R}\right)e^{pt}$$

$$= I_0 e^{pt} + \frac{V_0}{R}(1-e^{pt}), \qquad p = -\frac{R}{L} \tag{7.3}$$

## 7.2 過渡現象の解釈

式 (7.3) は，つぎのように解釈される。$p$ は負である。時間 $t$ が正の値で増えていくとき，指数関数 $e^{pt}$ の肩の上が負だから，時間とともに指数関数は減少する（**図7.2**の関数形を思い出してほしい）。

式 (7.3) の第1式は，つぎのように解釈される（**図7.3**(a)）。電源は直流だから，オームの法則に従って電流 $V_0/R$ を流す。それは，すべてが落ち着いたときの最終値でもある。しかしこれだけでは，$t=0$ における電流が $I_0$ にならない。そこで回路は，電源の力を借りずに流せる電流（つまり固有振動）を発生して電流値を $I_0$ に合わせる（第2項）。第2項は時間とともに消え，結局第1項が残る。

第2式は，つぎのように解釈される（図(b)）。電流の初期値は $I_0$ であるが，その影響は時間とともに消えていく（第1項）。一方，回路は最終値 $V_0/R$ へ

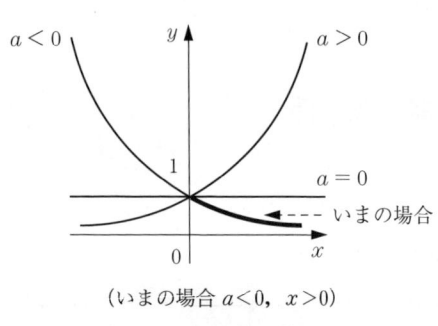

（いまの場合 $a<0$, $x>0$）

**図7.2** 指数関数 $y=e^{ax}$

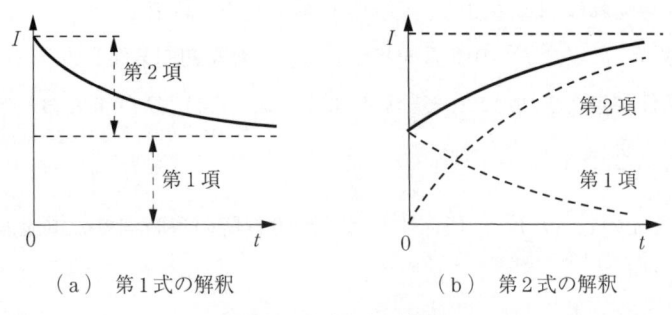

（a）第1式の解釈　　（b）第2式の解釈

**図7.3** 式 (7.3) の解釈

向かう（第2項）。第2項は，最初は0であるが，時間とともに大きさを増し，最終値に落ち着く。途中の電流値は，この二つ項の合計になる。

第2の解釈は直観的にわかりやすい。一般にインダクタまたはキャパシタが1個だけで，そのほかが抵抗と直流電源である回路では，電流（電圧でも電荷でも同じである）の初期値を $I_0$，最終値を $I_\infty$ と書くと，次式が成り立つ。

$$I = I_0 e^{-at} + I_\infty (1 - e^{-at}) \tag{7.4}$$

$p$ はいつも負だから，はっきりさせるために $-a$ とした。$a$ は正値で

$$a = \frac{R}{L} \quad \text{または} \quad \frac{1}{CR} \tag{7.5}$$

である。抵抗がいくつもあるときには，電源の値を0とし，$L$ または $C$ の両端から見た抵抗値が $R$ である。

電気回路以外の現象でも，式（7.4）の形の現象はよく見受けられる。入学したときには「やる気充分」であったのに，それはしだいに消え（第1項），代わって「遊び心」が立ち上がってくる（第2項）。そして最後は遊び心だけになる。なにかが時間とともにある値からほかの値に変化するとき，近似的に上のような見方をするとわかりやすい。

## 7.3 重要なパラメータ

式（7.5）の $a$ は，現象が変化する速さを表す重要なパラメータである。実際問題に出会ったときには，その値を意識してほしい。

$a$ の逆数を時定数といい，$T$ と書く。

$$T = \frac{L}{R} \quad \text{または} \quad CR \tag{7.6}$$

である。細かな説明はしないが，$T$ の単位は〔s〕（秒）である。

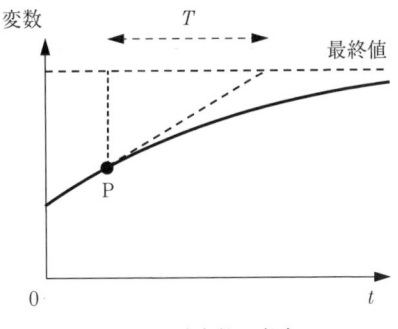

図7.4 時定数の意味

時定数はつぎの意味をもつ。電流が図 7.4 のように変化するとき，現在の状態が曲線上の点 P だとする。ここで接線を引くと，接線が最終値と交わる点は，いまより $T$ だけ先の時刻である。つまり電流は「あと $T$ で最終値に到達する勢い」で変化していく。したがって最終値に近づくにつれて変化は緩やかになる。

ある人が「この仕事を 5 日で完成しよう」と思って仕事を始めた。最初の一日は予定どおり 5 分の 1 の仕事をした。しかし「これは辛い」と思ったので，「あと 5 日で完成しよう」と考え，つぎの日は残りの 5 分の 1 の仕事をした。しかしそれも辛いので，「あと 5 日で完成しよう」と考え，つぎの日は残りの 5 分の 1 の仕事をした。これでは永久に仕事が終わらない。これが図 7.4 の曲線の解釈である。

過渡現象の計算結果を図に描くときに，いい加減に描く人が多いが，図 7.4 の時定数 $T$ の意味を考えて，だいたいでよいから必ず横軸に時間の目盛を入れてほしい。

---

**例題 7.1**　図 7.5（a）の回路において，インダクタの電流の初期値が 4 A である。3 Ω の抵抗に流れる電流の時間的変化を調べよ。

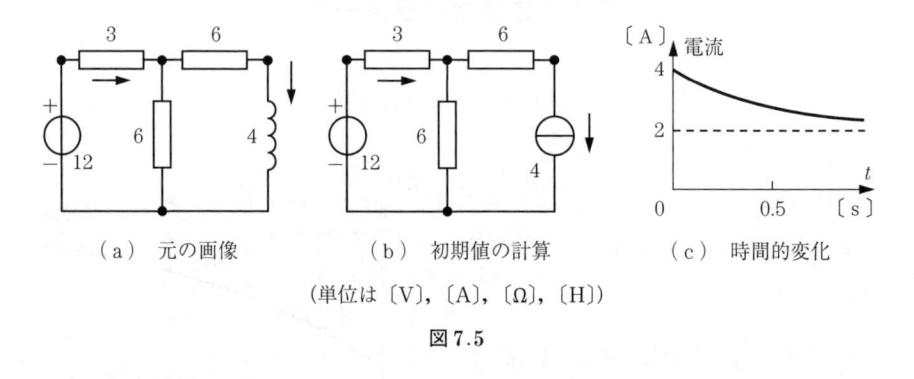

（a）元の画像　　（b）初期値の計算　　（c）時間的変化

（単位は〔V〕,〔A〕,〔Ω〕,〔H〕）

図 7.5

---

【解答】　3 Ω の抵抗を流れる電流の最終値は，直流回路として計算すれば 2 A となる。電源を 0 としインダクタの両端から見た抵抗値は，並列，

直列で計算して $8\Omega$ となる。したがって時定数は $L/R=0.5\,\text{s}$ となる。

問題は初期値である。それには $t=0$ の瞬間を考える。この瞬間については，インダクタは $4\,\text{A}$ の電流源とみなせるから，図（b）のように考え，重ね合わせで $3\Omega$ の抵抗を流れる電流を求めると $4\,\text{A}$ となる。結局 $3\Omega$ の抵抗を流れる電流は，次式になる。

$$I=4e^{-2t}+2(1-e^{-2t})=2+2e^{-2t} \tag{7.7}$$

曲線の概略は図（c）のようになる。　　　　　　　　　　　　　　◆

**注意1**　インダクタの電流，キャパシタの電圧は，基本的に重要な量である。じっくり計算をするときには，これらの量に立ち戻って考える。

**注意2**　念を押すが，式（7.6）のように簡単に計算できるのは，インダクタまたはキャパシタが1個だけの場合である。2個以上になるともう少し複雑になる。

## 7.4　蓄えられるエネルギー

素子に出入りするエネルギーについて考える。図 7.6 で素子に電圧 $V$ が加えられ，電流 $I$ が流れこむとき，この素子は $P=VI$ の電力を受け取る。$V$ や $I$ が時間とともに変化するときには，微小時間 $\Delta t$ に受け取る入る電力は $P\Delta t$ としてよい。ある期間にわたってこれを加え合わせれば，その期間に素子が受け取ったエネルギーになる。

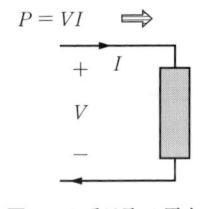

図 7.6　受け取る電力

われわれが計算できるのは，エネルギーの出入りだけで，その素子がもっているエネルギーの総量はわからない。ある人にお金の出入りがあるとき，その人が儲けたか損したかはわかるが，その人の全財産がいくらなのかはわからない。

素子のエネルギーは，高さと同じようにある状態を基準にして，そこからの変化を測る。普通は電圧あるいは電流が0の状態を基準にし，そのときのエネ

ルギーを 0 とする。

インダクタの場合，$t=0$ で電流が 0 だとして，その状態から受け取ったエネルギーを計算すると，つぎのようになる。

$$\int_0^t VIdt = \int_0^t IL\frac{dI}{dt}dt = L\int_0^{I_t} IdI = \frac{1}{2}LI^2\Big|_0^{I_t} = \frac{1}{2}LI_t^2 \qquad (7.8)$$

ここで $I_t$ は時刻 $t$ における電流である。

キャパシタの場合にも，計算は同様である。結局電圧または電流 0 の状態を基準とすると，電流 $I$ が流れているインダクタ $L$，電圧 $V$ が生じているキャパシタ $C$ のエネルギーは，次式で与えられる。

$$\frac{1}{2}LI^2 \quad \text{および} \quad \frac{1}{2}CV^2 \qquad (7.9)$$

上の式からわかるように，インダクタのエネルギーはその時点での電流によって決まる。ある電流値から出発していろいろ状態が変化しても，元の電流値に戻ったときにはエネルギーの出入りは合計 0 であり，入った分のエネルギーは出て行ったことになる。

インダクタは利息なしの銀行のようなもので，預かったエネルギーに手をつけずに，いずれそっくり返してくれる。エネルギーをためておくだけの仕事である。キャパシタも同様で，もっているエネルギーは電圧で決まり，入ったエネルギーはそっくり返してくれる。

これに対して抵抗の場合には，各瞬間に

$$RI^2 \qquad (7.10)$$

の電力を受け取る。これは負になることはない。つまり抵抗はエネルギーを受け取るだけで返さない。消費するだけである。そのエネルギーがどこへ行ったかは，回路計算ではわからない。

インダクタやキャパシタの蓄えるエネルギーの式（7.9）は，運動する物体の運動エネルギーや，バネが蓄える弾性のエネルギーの式に似ている。これは興味深い。

## 7.5 不連続な変化

過渡現象が問題になるのは，スイッチを入れたときのように回路に大きな変化があったときである．スイッチの動作によって回路の構造が変化する場合には，スイッチの動作前と後では回路方程式が違うから，前後を続けて同じ式で計算することはできない．変化の前後をなんらかの方法で接続しなければならない．

**突然には変わらない量**　　回路の構造が突然に変化したとき，突然に変化しない量は，インダクタの電流と，キャパシタの電圧である．公式

$$I = C\frac{dV}{dt}, \qquad V = L\frac{dI}{dt} \tag{7.11}$$

からわかるように，これらの値が突然に変化するためには，無限大の電圧，電流が必要である．普通はそのようなことにならない．

また素子に蓄えられるエネルギーの表現（7.9）をみればわかるように，これらの電圧あるいは電流が突然に変化すると，ある量のエネルギーが突然どこかへ移動することになる．エネルギーは「もの」と同じだから，普通は突然に移動できない．そのようなわけで，回路の構造が突然に変わっても，インダクタの電流，キャパシタの電圧は突然には変わらないと考える．

**例題 7.2**　　図 7.7（a）の回路で，充分時間がたって回路の状態が落ち着

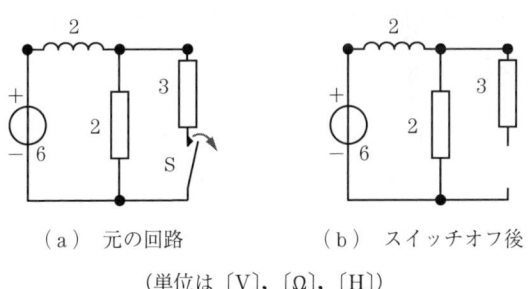

（a）元の回路　　　（b）スイッチオフ後

（単位は〔V〕，〔Ω〕，〔H〕）

**図 7.7**

いてから，$t=0$ でスイッチ S をオフにすると，どのような変化が起きるか．

【解答】　スイッチの記号の説明をしていなかったが，図記号は理解できると思う．図（a）のスイッチ S は，$t=0$ までは導線を接続している（オンという）が，$t=0$ で接続を切り離す（オフという）．スイッチがオフになった後は，回路は図（b）のようになり，構造が変わってしまうから，両者を同じ方程式で扱うことはできない．

　回路が図（a）の状態で落ち着いているとき，インダクタの電流は直流回路として計算され，5 A である．この値はスイッチ操作の前後で変わらない．スイッチ操作後の回路は図（b）だが，この初期値としてインダクタの電流 5 A が与えられる．この後の計算はいままでと同じである．インダクタを流れる電流を考えると，最終値は 3 A，時定数は 1 s になるから，スイッチ操作後の電流は，つぎのようになる．

$$I = 5e^{-t} + 3(1-e^{-t}) = 3 + 2e^{-t} \tag{7.12}$$

◆

**例外の場合**　　普通は，インダクタの電流，キャパシタの電圧を頼りにして，上のように計算すればよい．しかしこの原則が通用しない場合がある．それは無限大の電圧または電流が生じる場合である．もちろんそのようなことは現実には起きないが，理想化した回路の計算では起きても不思議ではない．

**例題 7.3**　　図 7.8（a）の回路で，充分時間がたってから，$t=0$ でスイッチをオンにすると，どのようなことが起きるか．例えば 1 F のキャパシタの電圧の時間的経過を調べよ．

【解答】　スイッチ操作前には，二つのキャパシタの電圧はそれぞれ 10 V，2 V である．スイッチを操作してもこれらの値が変わらないとすると，図（b）では 10=2 が成立しなければならない．それは無理だから，いままでの原則は適用できない．つぎのように考える．

　実際にはスイッチ S のごく小さな抵抗を通して，大きな電流 $I$ が短い時

(a) 元の回路　　　　　　　　(b) スイッチオン直後

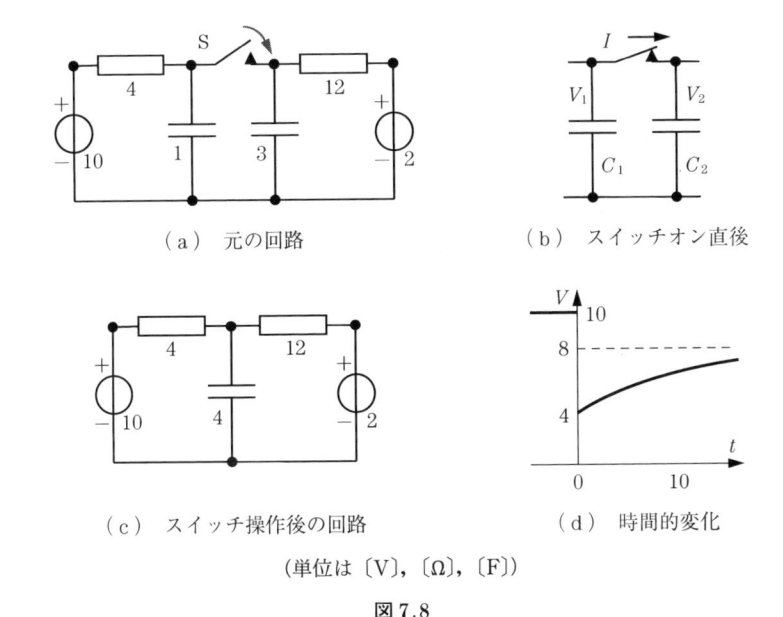

(c) スイッチ操作後の回路　　　(d) 時間的変化

(単位は〔V〕,〔Ω〕,〔F〕)

図 7.8

間だけ流れ，その電流のために二つのキャパシタの電圧が急速に変化し，同じ電圧になって落ち着くはずである．この状況を図（b）のように考える．各キャパシタについて次式が成り立つ．

$$-I = C_1 \frac{dV_1}{dt}, \qquad I = C_2 \frac{dV_2}{dt} \tag{7.13}$$

このほかに抵抗を流れる電流があるが，それは電流 $I$ に比べるとはるかに小さいので，省略した．

電流 $I$ は大きいが，上の二つの式を足せば $I$ は消える．つまり

$$C_1 \frac{dV_1}{dt} + C_2 \frac{dV_2}{dt} = \frac{d}{dt}(C_1 V_1 + C_2 V_2) = 0 \tag{7.14}$$

となって

$$C_1 V_1 + C_2 V_2 \tag{7.15}$$

は，スイッチを操作して大きな電流が流れても変わらないことになる．

スイッチをオンにした直後に，二つのキャパシタの電圧は等しくなるはずだから，その値を $V_1 = V_2 = V$ とおき，操作前と操作後の式（7.15）の値を

等しくおくと，与えられた数値を入れて，次式になる†。

$$1\times10+3\times2=1\times V+3\times V \qquad \therefore \quad V=4 \text{ V} \qquad (7.16)$$

スイッチを操作した後は，回路は図（c）のようになり，上の値を初期値として，時間的変化を求めればよい。最終値は，10 V と 2 V を 4：12 に内分する値として 8 V になる。キャパシタから見た抵抗は 4 Ω と 12 Ω の並列で 3 Ω となり，時定数は $4\times3=12$ s となる。結局キャパシタ電圧は次式で与えられる（図（d））。

$$V=4e^{-\frac{t}{12}}+8(1-e^{-\frac{t}{12}})=8-4e^{-\frac{t}{12}} \qquad (7.17)$$

インダクタを含む回路で原則が守れない場合も，同様に考えることができる。　　　　　　　　　　　　　　　　　　　　　　　　　　　　　　◆

## 7.6　状態方程式

このようにインダクタの電流，キャパシタの電圧は，回路の状態を決定するのに重要な役をしている。そこで，この 2 種類の量に着目した回路方程式を考えることがある。

例として図 7.9（a）の回路を考える。インダクタの電流 $I_L$，キャパシタの電圧 $V_C$ に着目する。原則によれば，これらの量は瞬間的に変わることがな

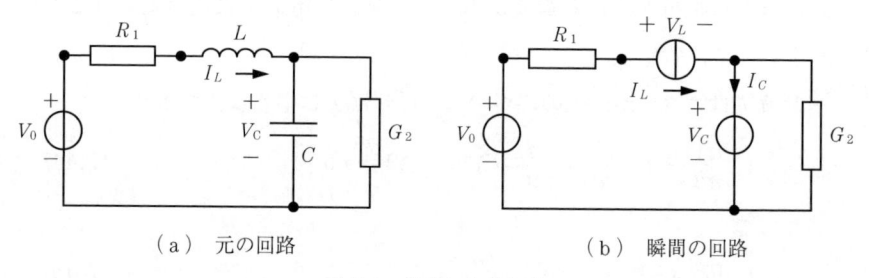

（a）元の回路　　　　　　　　　（b）瞬間の回路

図 7.9　状態方程式

---

† 電荷の概念を使っても同じ結果が導かれる。しかしインダクタでも同じようなことが起きるし，もっと複雑な回路の場合もあるから，このような考え方もいちおう理解しておいたほうがよい。

い．つまりその瞬間だけを考えれば，インダクタは電流源，キャパシタは電圧源だとしてよい（図 (b)）．

図 (b) は電源と抵抗だけからできている．したがってその瞬間について回路の状態が計算できる．そこでインダクタの電圧 $V_L$ とキャパシタの電流 $I_C$ を求める（電圧，電流の向きは，いつもと同じようにとる）．計算の便宜上，$R_1$ は抵抗，$G_2$ はコンダクタンスとした．計算はつぎのようになる．

$$V_L = V_0 - R_1 I_L - V_C, \qquad I_C = I_L - G_2 V_C \tag{7.18}$$

ここでインダクタ，キャパシタの式をそれぞれの左辺に代入すると，つぎのように微分方程式が得られ，回路の状態がどのように変化していくのかが表現される．

$$\begin{aligned}\frac{dI_L}{dt} &= \frac{1}{L}(V_0 - R_1 I_L - V_C) \\ \frac{dV_C}{dt} &= \frac{1}{C}(I_L - G_2 V_C)\end{aligned} \tag{7.19}$$

**状態変数と状態方程式**　　図 (b) でわかるように，インダクタの電流 $I_L$，キャパシタの電圧 $V_C$ は，その瞬間の回路の状態を決定する．これらをこの回路の状態変数という．また式 (7.19) は，つぎの瞬間に状態変数がどのように変わるかを表している．この方程式を状態方程式という．

現在の状態が与えられると，式 (7.19) によって少しだけ先の状態が決まり，それをつぎの状態として式 (7.19) が適用される．このような細かな変化をつなぎ合わせて，回路の状態が変化していくのだと考えてもよい．

## 演 習 問 題

（1）　図 **7.10** の回路で，$t=0$ のときインダクタを流れる電流が 1 A であった．その後のインダクタの電流の時間的経過を調べよ．

（2）　図 **7.11** の回路で，$t=0$ のとき 1 Ω の抵抗を流れる電流が 1 A であった．2 Ω の抵抗の電圧 $V$ の時間的経過を調べよ．

(単位は〔V〕,〔Ω〕,〔H〕)

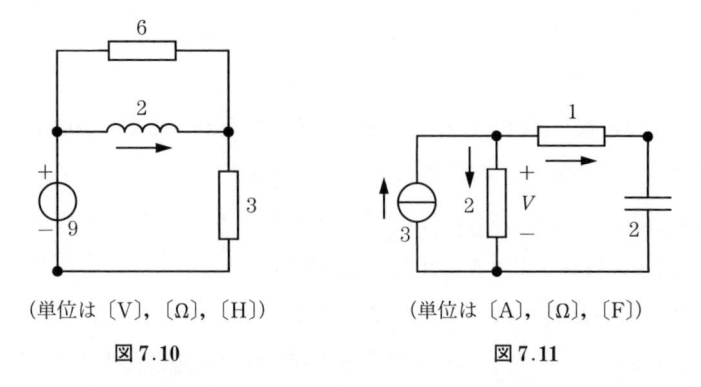

図7.10

(単位は〔A〕,〔Ω〕,〔F〕)

図7.11

(3) 図7.12の回路で，$t=0$ のとき $V_C=0$ V である。その後充分時間が経過して状態が一定になったとき，キャパシタに蓄えられたエネルギーはいくらか。またそれまでに抵抗で消費されたエネルギーはいくらか。

(4) 電位 $V$ の場所に電荷 $Q$ があるとき，そのエネルギーは $QV$ である。したがってキャパシタに蓄えられるエネルギーは $QV=CV^2$ となるはずだが，実際にはその半分である。これはどのように説明されるか。

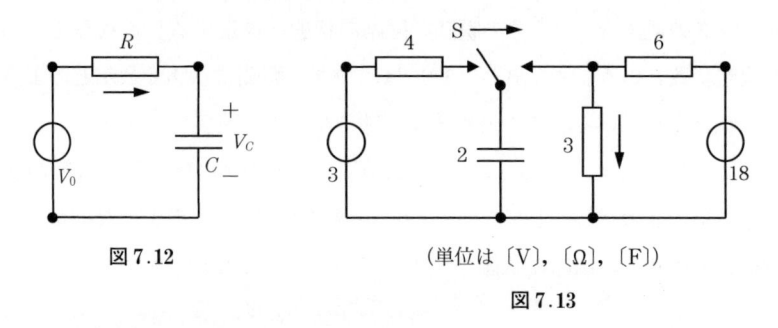

図7.12

(単位は〔V〕,〔Ω〕,〔F〕)

図7.13

(5) 図7.13の回路で充分時間が経過した後，スイッチを左から右へ操作する。このとき3Ωの抵抗を流れる電流の時間的経過を調べよ。

(6) 例題7.3（図7.8）で，スイッチを操作する前後で，二つのキャパシタに蓄えられたエネルギーはどのように変化するか。その差はどうなったと考えられるか。

(7) 物理学で二つの物体が衝突する問題がある。上の問題（6）が衝突の

現象とどのように似ているかを考察せよ。

（8）図7.14の回路で充分時間がたった後，$t=0$ でスイッチ S をオフにする。その前後の電流 $I$ の変化を調べよ。

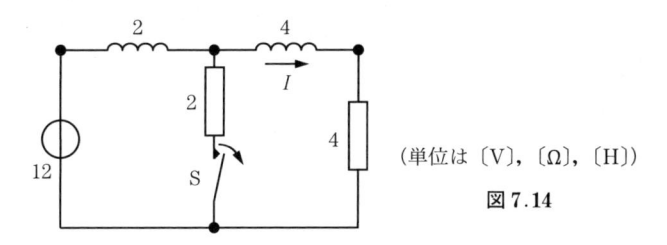

（単位は〔V〕，〔Ω〕，〔H〕）

図7.14

# 8 正弦波の表現

## 8.1 直流と交流

6章に入ってからは，電圧・電流が時間とともに変化するとした。その中で，電圧・電流が正弦波という形で変化する場合が，工学では特に重要である。この章から後しばらくは，正弦波の回路について勉強する。

**交　流**　直流に対して，電圧の符号や電流の向きが変化するとき交流という。**図8.1**（a）のように鋭く＋，－に切り替わる場合も交流だが，実際によく使われるのは，図（b）のように滑らかに変化する交流である。交流であることを示すために記号 〜 が用いられることがある。

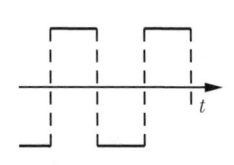

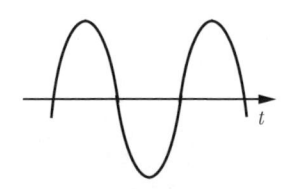

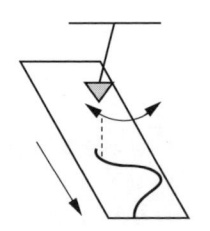

（a）急激な変化　　（b）滑らかな変化　　（b）振り子と砂
図8.1　さまざまな交流波形

図（c）のように，振り子が真下に砂をこぼしながら左右に振れている。下で砂を受けながら振れと直角方向に紙を移動させると，砂は図のような滑らかな曲線を描く。実際の場面では，電圧や電流はこのように滑らかに変化するこ

とが多い。

## 8.2 正弦波交流

**円運動** まず図8.2のように一定速度（中心角にして毎秒 $\omega$）で円周上を周回する点Pを考える。角度の単位は，ラジアン〔rad〕でも度でもどちらでもよろしい。円の半径は $A$ である。点Pの位置を水平方向からの角度で表す。$t=0$ のときの位置を $\theta$ とすると，毎秒 $\omega$ だけ移動するのだから，$t$ 秒経つと（$\omega t + \theta$）の位置にくる。

ここで真上から太陽の光が点Pに当たると，地面には点Pの影Qができる。この影の運動を考えよう。点Pが動くのにつれて，点Qは地面の上を左右に運動する。

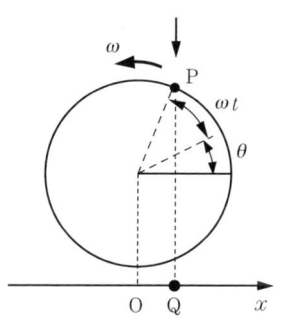

図8.2 円運動と影

**正弦波** 円の中心の真下に原点Oを取って，点Qの位置を $x$ 座標で表す。図上に直角三角形を作ればわかるように，$x$ は次式で表される。

$$x = A \cos(\omega t + \theta) \tag{8.1}$$

この $x$ を $t$ の関数と考えたとき，正弦波という。cos（コサイン，余弦関数）を使っているのに「正弦波」というのはおかしいが，習慣上そう呼んでいる。$x$ を縦軸，$t$ を横軸にとって曲線を描けば，図8.3のようになる。図8.1（c）で考えたような滑らかな曲線になることを，感じとして理解してほしい。

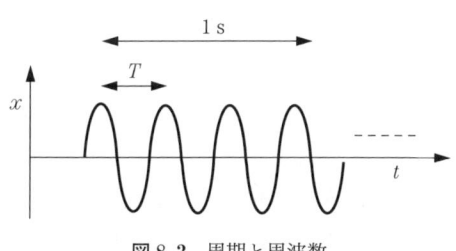

図8.3 周期と周波数

**振幅，位相，角周波数，周波数，周期** 記号と名前を覚えてほしい。$A$ は円の半径だが，正弦波では振幅という。cosの（ ）内，$\omega t + \theta$ を，位相と

いう†。$\theta$ を特に初期位相（あるいは単に位相）という。

さらに点 P や点 Q の運動を表すいくつかの定数がある。まず $\omega$ は，円運動を中心角の増加する速さで表すもので，角周波数という。点 P が円周を 1 回転する時間を周期といい，$T$ と書く。1 回転は角度にすれば $2\pi$ 〔rad〕で，それに $T$ 秒かかるのだから，1 秒当たりの角度は $2\pi/T$ となり，これが $\omega$ に等しい。

図 8.3 の波形で山から山までが，点 Q が移動して同じ位置にもどってくる時間，つまり点 P が円周上を一回りする時間 $T$ である。1 秒間にいくつ山が来るかを周波数といい，$f$ と書く。山から山までが $T$ だから，当然 $f=1/T$ である。

以上，運動あるいは変化を表す三つの定数 $\omega$，$T$，$f$ について学んだ。これらは同じ内容をもつ定数であり，たがいに関係がある。つぎの形で頭の中を整理すればよいと思う。

$$\omega=\frac{2\pi}{T}, \qquad f=\frac{1}{T}, \qquad \omega=2\pi f \tag{8.2}$$

これらはいずれも大事な定数，関係式である。暗記するのでなく，図 8.2 の円運動を頭に描いて，実感をもって理解してほしい。角周波数の単位は〔rad/s〕である。周波数の単位は〔$s^{-1}$〕だが，これを〔Hz〕（ヘルツ）ともいう。周期の単位は〔s〕である。

## 8.3 複　素　数

**複素数，複素数平面**　　複素数を使って正弦波の計算をする方法がある。それは工学一般の基礎知識である。初心者のために，複素数についての知識をまとめておく。

複素数とは，二つの実数 $x$，$y$ を，$-1$ の平方根 $j$ を用いて結合したもので

---

† 位相が増えることを「進む」，減ることを「遅れる」という。式 (8.1) では，「時間とともに位相が進む」といってよい。

ある[†1]。
$$z = x + jy, \qquad j^2 = -1 \tag{8.3}$$
$x$ を複素数 $z$ の実部,$y$ を虚部という。記号では,つぎのように書く。
$$x = \mathrm{Re}\, z, \qquad y = \mathrm{Im}\, z \tag{8.4}$$
$j^2 = -1$ という計算規則を追加するだけで,加算の順序の変更や,方程式を解くことなど,実数のときとまったく同じように複素数の計算をしてよい。

図 8.4 のように,平面上に縦軸と横軸を設定し,座標 $(x, y)$ の点 P を取る。このとき点 P は複素数 $z = x + jy$ を表すと約束する。この平面を,複素数平面(または複素平面)という。複素数平面では,一つの点が一つの複素数を表す[†2]。複素数平面であることの念を押すために,縦軸に $j$ と書くことがある。

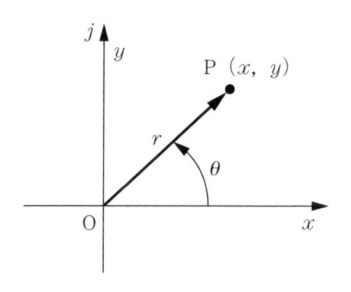

**図 8.4** 複素数平面

**複素数ベクトル,絶対値,偏角**　図 8.4 のように原点と点 P を結ぶベクトル(位置ベクトル)を描き,ベクトルが複素数を表すと考える。これを複素数ベクトルという。複素数ベクトルは,平面上を平行移動してもよいが,本来の意味をもつのは,ベクトルの起点を原点に置いたときである。

複素数平面では,複素数 $z$ が与えられたときに,図のように絶対値 $r$,偏角 $\theta$ を定義する。つぎのように書く。
$$r = |z|, \qquad \theta = \arg z \tag{8.5}$$
当然,つぎの関係がある。
$$x = r \cos \theta, \qquad y = r \sin \theta \tag{8.6}$$
$$r = \sqrt{x^2 + y^2}, \qquad \tan \theta = \frac{y}{x} \tag{8.7}$$

**共役複素数**　$z = x + jy$ に対して

---

[†1] 数学では $i$ を使うが,電気では $I$, $i$ を電流に使うので,そちらに記号を譲って $j$ を使う。

[†2] 高校で勉強したグラフは,ある日の時刻と気温というように,二つの量の間の関係を示すもので,複素数平面とは違う。

$$\bar{z} = x - jy \tag{8.8}$$

を $z$ の共役複素数という。共役複素数はおたがいさまの関係で，$\bar{z}$ は $z$ の共役複素数であり，$z$ は $\bar{z}$ の共役複素数である。次式が成り立つ。確かめてほしい。

$$z + \bar{z} = 2\,\mathrm{Re}\,z, \qquad z - \bar{z} = 2j\,\mathrm{Im}\,z \tag{8.9}$$

$$|\bar{z}| = |z|, \qquad z\bar{z} = |z|^2, \qquad \arg\bar{z} = -\arg z \tag{8.10}$$

## 8.4 複素数の計算

複素数の計算は実数と違わない。必要に応じて計算規則 $j^2 = -1$ を使えばよい。しかしいくつかの性質を知ってほしい。

---

**例題 8.1** 複素数 $z_1 = 3 + j5$，$z_2 = 1 - j2$ について，$z_1 + z_2$，$z_1 - z_2$ を求めよ。これらは複素数平面上ではどのように解釈されるか。

---

【解答】 容易に計算されるように

$$z_1 + z_2 = 4 + j3, \qquad z_1 - z_2 = 2 + j7 \tag{8.11}$$

である。これらは実部どうし，虚部どうしを加算，減算して得られる。

このことを複素数平面上のベクトルとして考えると，普通のベクトル計算と同じように加算，減算を考えてよいことがわかる（**図 8.5**）。$z_1 + z_2$ はベ

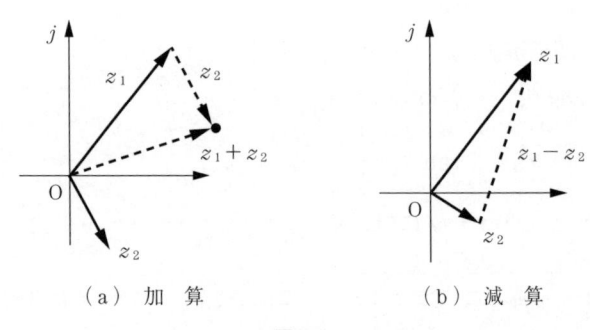

(a) 加算　　　　　　(b) 減算

図 8.5

クトルの加算として，$z_1$ の先端に $z_2$ を継ぎ足せばよい†。

$z_1-z_2$ は，$z_2$ になにかを加えれば $z_1$ になるのだと考える。結局 $z_1$ の先端と $z_2$ の先端を結ぶベクトルが $z_1-z_2$ である。本当の値を知るには，このベクトルの起点を原点に移動すればよい。

---

**例題 8.2** つぎの複素数の実部，虚部，絶対値，偏角を求めよ。
$$\frac{6+j2}{1+j2} \tag{8.12}$$

---

【解答】 分母の共役複素数 $(1-j2)$ を分母と分子に掛けると，つぎのようになる。
$$\frac{(6+j2)(1-j2)}{(1+j2)(1-j2)}=\frac{10-j10}{5}=2-j2 \tag{8.13}$$
したがって実部は 2，虚部は -2，絶対値は $2\sqrt{2}\fallingdotseq 2.83$ となる。偏角は，式 (8.7) から求めると $-45°$ と $+135°$ の二つが得られるが，実部（あるいは虚部）の符号を考えると，$-45°$ になる。ここでは簡単に角度が求められたが，電卓やパソコンが手元になくても，紙の上に図を描いてだいたいの角度を推定することを習慣にしてほしい。

---

**例題 8.3** 複素数
$$\frac{6+j2}{1+j2} \tag{8.14}$$
の共役複素数を求めよ。

---

【解答】 式を整理して $a+jb$ の形にしてから，虚部の符号を変えて $a-jb$ とすればよい。しかし実数と同じ計算をしつつ，必要があれば $j^2=-1$ を使うのだから，初めから $j$ を $-j$ に変えても同じことである。答は
$$\frac{6-j2}{1-j2} \tag{8.15}$$

---

† 平行四辺形を作ると学んだ人もいると思うが，それにこだわらないでほしい。

である．もし必要なら，さらに計算して整理すればよい．

要するに共役複素数の記号￣は，「その下にある $j$ をすべて $-j$ に変える」のだと考えればよい．式にはっきり書かれていない $j$ があっても，忘れずに $-j$ に変えることが必要である． ◆

## 8.5 オイラーの式

複素数の関数にはいろいろなものがあるが，指数関数が特に重要である．実数の場合には，$e^2$ は $e \times e$，$e^{0.5}$ は $e$ の平方根というように，指数関数は乗算や平方根などに基づいて定義される．しかし $e^j$ については，「$e$ を $j$ 回掛ける」では意味をなさない．

**複素数の指数関数** つまり複素数の指数関数は，新しく実数と違う定義をしなければならない．新しく定義するならどう決めてもよいのだが，できればわれわれが実数の指数関数について知っている公式が，同じように成立するとありがたい．実数の指数関数の公式の中で，「乗算が肩の上では加算になる」ことと，「微分しても関数の形は変わらない」という二つが特に重要である．

$$e^x e^y = e^{x+y}, \qquad \frac{d}{dx}(e^x) = e^x \tag{8.16}$$

**オイラーの式** これらの公式が複素数でも成立するように，指数関数を定義する．ここからは数学の基礎理論になるから詳しく論じないが，この考えを追求すると，結局つぎの公式に到達する．

$$e^{jx} = \cos x + j \sin x \qquad (x \text{ は実数}) \tag{8.17}$$

これはオイラーの式と呼ばれ，きわめて重要である．式 (8.17) は新しい定義で，いままでに知っている実数の公式などから証明するものではない．

この定義によって式 (8.16) がうまく成立することを見よう．

---

**例題 8.4** 式 (8.17) のもとで，$e^{jx} e^{jy} = e^{j(x+y)}$ が成立するかどうか，両辺を計算せよ．

【解答】 公式を使うとつぎのようになる。

左辺 $= (\cos x + j \sin x)(\cos y + j \sin y)$
$= (\cos x \cos y - \sin x \sin y) + j(\sin x \cos y + \cos x \sin y)$
$= \cos(x+y) + j \sin(x+y)$ (8.18)

右辺 $= \cos(x+y) + j \sin(x+y)$ (8.19)

結局両者は等しい。 ◆

---

**例題 8.5** 式 (8.17) のもとで，$e^{jx}$ を $x$ について微分すると，$je^{jx}$ になることを導け。

---

【解答】 公式 (8.17) の右辺を微分すると，つぎのようになる。

$-\sin x + j \cos x$ (8.20)

一方

$je^{jx} = j(\cos x + j \sin x)$
$= -\sin x + j \cos x$ (8.21)

となって，両者は等しい。 ◆

上の二つの例題から，式 (8.17) が妥当な定義であることを納得できると思う。複素数 $z = x + jy$ の指数関数 $e^z$ は，$e^z = e^x e^{jy}$ とし，$e^{jy}$ をオイラーの式を用いて計算すればよい。

## 8.6 極座標表示

**極座標表示，直交座標表示** さて図 8.4 に戻り，複素数をその絶対値 $r$ と偏角 $\theta$ で表現しよう。式 (8.6) が成立しているから，オイラーの式も使ってつぎのように書ける。

$z = x + jy = r \cos x + jr \sin x = re^{j\theta}$ (8.22)

つまり，絶対値が $r$，偏角が $\theta$ である複素数は

$$re^{j\theta} \tag{8.23}$$

と書ける。ここで $r$ は正または $0$, $\theta$ は任意であるが，例えば $-\pi < \theta \leq \pi$ の範囲にとる。式 (8.23) を，複素数の<u>極座標表示</u>という。これに対していままで使っていた $a+jb$ の形を，<u>直交座標表示</u>という。

**例題 8.6**　$j, -j2, -3e^{j\pi/4}$ の極座標表示を求めよ。

【解答】　複素数平面の上に点をとって考えてほしい。

（ i ）$j$ は，絶対値が $1$，偏角が $\pi/2$ である。したがって極座標表示は $e^{j\pi/2}$ である。

（ ii ）$-j2$ は，絶対値が $2$，偏角が $-\pi/2$ である。したがって極座標表示は $2e^{-j\pi/2}$ である。

（iii）$-3e^{j\pi/4}$ については，一度オイラーの式で展開してもよいが，$3e^{j\pi/4}$ が絶対値 $3$，偏角 $\pi/4$ であり，それに－を付けると，原点に関して対称な位置にくるから，$-3e^{j\pi/4}$ は絶対値が $3$，偏角が $-3\pi/4$ であることがわかる。したがって極座標表示は，$3e^{-j3\pi/4}$ である。　◆

**乗算，除算**　二つの複素数の極座標表示を，$z_1 = r_1 e^{j\theta_1}$, $z_2 = r_2 e^{j\theta_2}$ とすると，それらの乗算，除算はそれぞれつぎのようになる。

$$z_1 z_2 = r_1 e^{j\theta_1} r_2 e^{j\theta_2} = (r_1 r_2) e^{j(\theta_1 + \theta_2)} \tag{8.24}$$

$$\frac{z_1}{z_2} = \frac{r_1 e^{j\theta_1}}{r_2 e^{j\theta_2}} = \left[\frac{r_1}{r_2}\right] e^{j(\theta_1 - \theta_2)} \tag{8.25}$$

乗算では，絶対値が乗算，偏角が加算になり，除算では，絶対値が除算，偏角が減算になる。これはよく理解しておいてほしい。

**絶対値の計算**　つまり絶対値の乗算では，下のように絶対値が「割り込んで」よい。除算では絶対値を「切って」よい。

$$|z_1 z_2| = |z_1||z_2| \tag{8.26}$$

$$\left|\frac{z_1}{z_2}\right| = \frac{|z_1|}{|z_2|} \tag{8.27}$$

## 8.7 正弦波の複素数表示

**円運動と正弦波**　オイラーの式を使えば，複素数平面上で円運動を簡単に表現できる。円運動の中心を，複素数平面上の原点に置く（図 8.6）。点 P の絶対値は $A$，偏角は $(\omega t+\theta)$ だから，極座標表示はつぎのようになる。

$$Ae^{j(\omega t+\theta)} \tag{8.28}$$

ここでオイラーの式を使うと

$$Ae^{j(\omega t+\theta)} = A\cos(\omega t+\theta) + jA\sin(\omega t+\theta) \tag{8.29}$$

となる。つまり円運動を複素数で表すと，実部が正弦波になる。これは，図 8.2 の円運動とその影の関係を考えれば当然である。

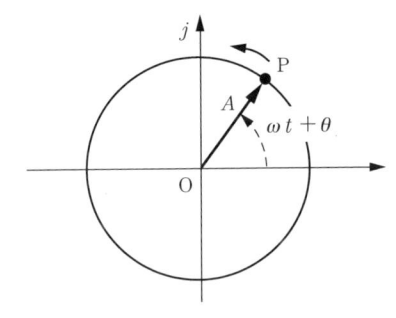

図 8.6　円運動と複素数

正弦波はわかりやすいが，円運動はもっとわかりやすいから，正弦波の代わりに円運動を考える。正弦波が必要なら実部をとる。虚部は使わない。

**正弦波の複素数表示**　結局，数式としては図 8.7 のような対応関係になる。左から右に，あるいは右から左に，ただ規則に従って書き換えればよい。また右から左に移動するときには，実部をとると考えてもよい。

| 正弦波 | | 複素数 |
|---|---|---|
| $A\cos(\omega t+\theta)$ | $\Longleftrightarrow$ | $Ae^{j(\omega t+\theta)}$ |
| 振幅　$A$ | $\Longleftrightarrow$ | 絶対値　$A$ |
| 位相　$(\omega t+\theta)$ | $\Longleftrightarrow$ | 偏角　$(\omega t+\theta)$ |

図 8.7　正弦波と複素数の関係（1）

これでもよいのだが，さらに簡単にする。実際の個々の問題では，周波数 $f$ (したがって $\omega$) が指定されていることが多い。例えば東京電力の配電システムでは，$f=50\,\mathrm{Hz}$ と決まっている。書かなくてもわかっていることは省略すると，正弦波と複素数の対応関係は図 8.8 のようになる。これを正弦波交流の複素数表示という。

## 8. 正弦波の表現

| 正弦波 | | 複素数 |
|---|---|---|
| $A\cos(\omega t+\theta)$ | $\Longleftrightarrow$ | $Ae^{j\theta}$ |
| 振幅 $A$ | $\Longleftrightarrow$ | 絶対値 $A$ |
| 初期位相 $\theta$ | $\Longleftrightarrow$ | 偏角 $\theta$ |

図 8.8 正弦波と複素数の関係（2）

この対応関係は，あくまで約束事である。図の右側の表現では $e^{j\omega t}$ が隠れていて，必要があれば現れると考えるべきだ。左右どちらへも規則に従って書き換えることができる。また右から左へ行くときには，隠れていた $e^{j\omega t}$ を補ってから実部をとってもよい。

**例題 8.7** 周波数を 50 Hz とするとき，複素数 $-4+j4$ は，どのような正弦波を表すか。

【解答】 $\omega=2\pi f\fallingdotseq 314$ rad/s である。複素数 $-4+j4$ の絶対値は $4\sqrt{2}\fallingdotseq 5.66$，偏角は 135° である。したがって正弦波はつぎのようになる。

$$5.66\cos(314t+135°) \tag{8.30}$$

◆

**例題 8.8** 正弦波 $5\sin(\omega t-30°)$ を複素数で表せ。

【解答】 まず sin を cos に書き換えなければならない。公式

$$\sin x=\cos(90°-x) \tag{8.31}$$

は知っていると思う。cos は偶関数だから，括弧内の減算は逆にしてもよい。すると与えられた正弦波は，つぎのように書ける。

$$5\cos(\omega t-120°) \tag{8.32}$$

複素数で表すと，つぎのようになる。

$$5e^{-j120°} \tag{8.33}$$

◆

**例題 8.9** つぎの正弦波を，複素数を用いて一つにまとめよ。ベクトルとして考えると，どのようになるか。

$$4\cos\omega t + 3\sin\omega t \tag{8.34}$$

【解答】 $\sin\omega t = \cos(\omega t - 90°)$ であるから，式 (8.34) は，複素数で表すとつぎのようになる（複素数の加算の実部をとってもやはり加算である）．

$$4 + 3e^{-j90°} \tag{8.35}$$

複素数平面の上では，図 8.9 のようになる．和ベクトルの絶対値は 5，偏角は約 $-37°$ になる．結局複素数は $5e^{-j37°}$，正弦波はつぎのようになる．

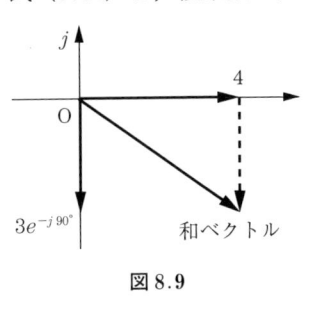

図 8.9

$$5\cos(\omega t - 37°) \tag{8.36}$$

図 8.8 の約束は，正弦波を表すのに便利であるが，つぎの章で正弦波交流の計算に応用すると，さらに便利である．複素数が正弦波を表しているとき，「普通の複素数ではない」という意味で，$\dot{V}$, $\dot{I}$ などと，文字の上に・（ドット）を付ける．

正弦波を複素数で表すのは，たとえていえば正弦波の現実世界に対して円運動の仮想世界があり，その間を自由に行き来するのだと考えられる．「犬」を「dog」といってもよいように，一つのことを日本語で考えてもよいし，英語で考えてもよい．二つの世界を行き来するには，辞書（すなわち約束事）が必要で，それが図 8.8 である．「二つの世界」あるいは「表と裏の世界」の考え方は，いろいろなときに現れる．

**注意** $e$ の肩の上には，単なる数値しか置くことができない．肩の上に単位があってはいけない．〔rad〕は円弧長を半径で割ったものだから，実際には単位でなく，$e$ の肩の上においても問題ない．一方，度〔°〕は人為的に定義したものだから，$e^{30°}$ などという表現は，厳密には許されない．しかしこう書いても混乱することはないので，よく用いられる．

## 演習問題

（1）正弦波 $10\cos(50t+40°)$ の振幅，角周波数，周期，周波数，初期位相は，それぞれいくらか。またこの正弦波を複素数で表せ。

（2）正弦波があり周期は 5〔ms〕で，振幅は 100，$t=0$ のときの値が $-50$ であるという。この正弦波を数式で表せ。また最大値，最小値に到達する時刻はいつか。解は一つではない。可能性のある解をすべて求めよ。

（3）複素数 $z_1, z_2, z_3$ についてつぎの関係が成り立つとき，これらは複素数平面上でどのような位置関係にあるか。

$$|z_2-z_1|=|z_3-z_1| \tag{8.37}$$

（4）複素数 $z_1, z_2, z_3$ についてつぎの関係が成り立つことを，計算により説明せよ。これは複素数平面上ではどのように説明されるか。

$$|z_1|+|z_2|\geq|z_1+z_2| \tag{8.38}$$

またつぎの式はどのようにして説明されるか。

$$|z_1-z_2|\geq|z_1|-|z_2| \tag{8.39}$$

（5）複素数平面上で $z_0$ を通り，$z_1$ の方向を向く直線の式を $z_0, z_1$ を用いて表せ。

（6）複素数 $z_1, z_2, z_3$ についてつぎの関係が成り立つとき，これらは複素数平面上でどのような位置関係にあるか。

$$(z_2-z_1)=j(z_3-z_1) \tag{8.40}$$

（7）オイラーの式が複素数に対しても適用できるとして（定義），複素数 $z$ に対する三角関数 $\cos z$ を，指数関数で表せ。$x$ を実数とするとき，$\cos(jx)$ はどのようになるか。

（8）次式各項の正弦波を，それぞれ複素数平面上で表示し，直交座標表示を求めよ。また各項を三角関数の加法定理を用いて計算し，得られた複素数を正弦波に書き直せ。

$$5\cos(\omega t-40°)+10\cos(\omega t+60°) \tag{8.41}$$

# 9 正弦波交流回路

## 9.1 正弦波解の意味

**記号** この章では,正弦波交流回路の計算について学ぶ。回路素子や記号はいままでと同じである[†]。

例として**図 9.1**の回路を考える。ここで $V_0$ は角周波数 $\omega$ の正弦波電圧源である。

$$V_0 = A \cos(\omega t + \theta) \tag{9.1}$$

電流 $I$ を求めよう。回路方程式は6章と同じである(6.8節の説明を参照してほしい)。問題は

$$L\frac{dI}{dt} + RI = A \cos(\omega t + \theta) \tag{9.2}$$

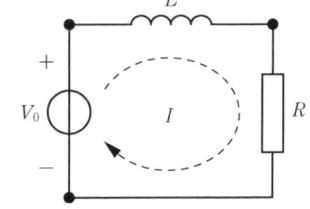

**図 9.1** 正弦波交流回路の例

の一般解を求めることである。これを二つの問題に分解する。第1は

$$L\frac{dI_T}{dt} + RI_T = 0 \tag{9.3}$$

の一般解 $I_T$ を求めることであり,第2は元の方程式

$$L\frac{dI_S}{dt} + RI_S = A \cos(\omega t + \theta) \tag{9.4}$$

の特解 $I_S$ を求めることである。式 (9.3), (9.4) の解が求まれば,$I = I_T + I_S$ が式 (9.2) の一般解である。

---

[†] 旧記号として,正弦波交流の電圧源を表すために ─⊘─ が用いられた。

第1の問題，式 (9.3) は，6章での式 (6.16) とまったく同じ形をしている。したがって一般解も同じで，つぎのようになる。これがこの回路の固有振動である。

$$I_T = Ae^{pt}, \qquad p = -R/L \tag{9.5}$$

第2の問題，式 (9.4) の特解を求めるには，なんでもよいから式を満足するものを見つければよい。右辺に似たものを探すことにして

$$I_S = a\cos\omega t + b\sin\omega t, \qquad a, b \text{ は定数} \tag{9.6}$$

とおき，$a, b$ を適切に定める。この計算の筋道を脚注で説明する[†]。この方法は今後使わないから，練習する必要はない。

$a, b$ が定まれば式 (9.6) が定まり，これで元の方程式 (9.2) の一般解が求められた。それはつぎの形をしている。

$$I = Ae^{pt} + (a\cos\omega t + b\sin\omega t) \tag{9.7}$$

これが一般的に図 9.2 の回路を流れる電流である。初期条件を与えると，任意定数 $A$ が決まり，電流が時間の関数として確定する。

**正弦波交流回路** 式 (9.7) を見ると，第1項は時間がたつと消えていき，第2項つまり正弦波の項だけが残る。実際の回路では，固有振動は時間とともに消滅するから，回路が少しの時間動作するとやがて第2項（ ）の正弦波だけが残る。

この章では，上のように固有振動が消滅した後の正弦波交流の計算法を学ぶ。このときの回路を正弦波交流回路という。一般に固有振動が時間とともに消滅するとき，回路は安定だという。つまり正弦波交流回路の計算は，回路が安定なことを前提条件として，正弦波である特解を求める計算であるといえる。

---

[†] 式 (9.6) を方程式 (9.4) の左辺に代入し，$\cos\omega t$ の項と $\sin\omega t$ の項にそれぞれまとめる。右辺も加法定理で展開して，$\cos\omega t$ の項と $\sin\omega t$ の項に分ける。式 (9.4) の両辺を比較して，$\cos\omega t$ の係数と $\sin\omega t$ の係数をそれぞれ等しいとおくと，$a$ と $b$ に対する連立方程式が得られる。それを解けば $a, b$ が定まる。難しくはないが，かなり長い計算になる。

## 9.2 正弦波交流回路の計算

図 9.1 の回路(**図 9.2**(a)として再掲)を引き続き考える。方程式も式 (9.2)(式 (9.8) として再掲)と同じだが,ここでは式 (9.4),すなわち方程式の「正弦波である特解」を求めることが目的である。

$$L\frac{dI}{dt} + RI = A\cos(\omega t + \theta) \tag{9.8}$$

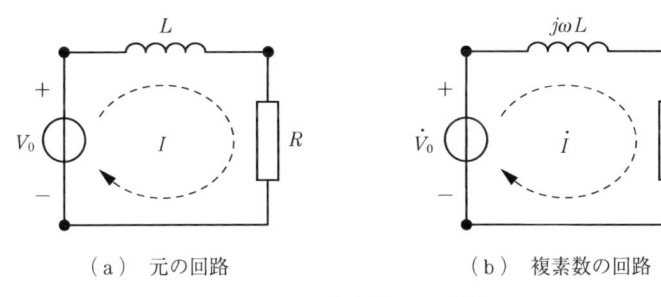

(a) 元の回路  (b) 複素数の回路

図 9.2 複素数による計算

**計算手順** 前章で学んだことを参考にして,ここで以下の方程式を考える。

$$L\frac{dI_c}{dt} + RI_c = Ae^{j(\omega t + \theta)} \tag{9.9}$$

この方程式の解は複素数になるだろう。右辺と同じ形の指数関数を期待して,解を

$$I_c = Be^{j\omega t}, \quad B \text{ は複素定数} \tag{9.10}$$

とおく。これが求まったとすると,式 (9.9) の両辺の実部をとれば,$I_c$ の実部が元の方程式 (9.8) の解になることがわかる。

仮定した解,式 (9.10) を式 (9.9) に代入すると次式を得る。

$$j\omega LBe^{j\omega t} + RBe^{j\omega t} = Ae^{j(\omega t + \theta)} \tag{9.11}$$

両辺の $e^{j\omega t}$ を約すと,結局次式になる。

$$j\omega LB + RB = Ae^{j\theta} \tag{9.12}$$

この式から $B$ が定まる。$B$ の極座標表示が $Ce^{j\phi}$ であれば,式 (9.10) の

実部は

$$C\cos(\omega t + \phi) \tag{9.13}$$

となる。これが求める正弦波電流である。

**整理** 図8.8を参照して，計算を振り返ってみよう。式 (9.8) の解を求めるのに，式 (9.12) を導いた。右辺は正弦波電圧の複素数表示であり，また $B$ は求める電流（式 (9.13)）の複素数表示になっている。要するに正弦波電圧，正弦波電流の複素数表示を，改めてそれぞれ $\dot{V}$, $\dot{I}$ と書けば，式 (9.12) はつぎのようになる。

$$j\omega L \dot{I} + R \dot{I} = \dot{V} \tag{9.14}$$

これから $\dot{I}$ を求めればよいことになる。

## 9.3 インピーダンス

図 9.2 (a) の回路で正弦波の電流を求めようとして，式 (9.14) を導いた。ここで図 (b) の回路を考えよう。インダクタは $j\omega L$ という抵抗（のようなもの），抵抗は抵抗 $R$ だと考えて，直流回路と同じように式を作れば，式 (9.14) が得られる。これが大事なことで，つぎのように理解する。

「インダクタは $j\omega L$，抵抗は $R$ と考えて，直流回路と同じように計算すればよい。」キャパシタも同様で，$j\omega C$ というコンダクタンス（つまり $1/j\omega C$ という抵抗）とすればよい。

この約束によれば，素子の性質はオームの法則と同じになり，回路の計算はすべて直流回路と同じになる。閉路方程式，節点方程式，重ね合わせなど，あらゆる計算法がそのまま利用できる。「直流回路と同じにしよう」というのが，電気回路解析の基本思想である。

**インピーダンス，アドミタンス** 以上をまとめると，**図 9.3** のような関係になる。「抵抗のようなもの」でもよいが，これをインピーダンスと呼び，普通は $Z$ と書く[†]。インピーダンスの逆数，つまりコンダクタンスに相当するも

---

[†] インピーダンス，アドミタンスは灰色の長方形で示す。

|現実の回路| |複素数の回路|
|---|---|---|
|抵抗 $R$|$\Longleftrightarrow$|抵抗 $R$|
|インダクタ $L$|$\Longleftrightarrow$|インピーダンス $j\omega L$|
|キャパシタ $C$|$\Longleftrightarrow$|アドミタンス $j\omega C$|
|正弦波 $A\cos(\omega t+\theta)$|$\Longleftrightarrow$|複素数 $Ae^{j\theta}$|
|方程式,定理|$\Longleftrightarrow$|同じ形|

図 9.3 対 応 関 係

のをアドミタンスといい,普通は $Y$ と書く。これらは複素数なので,実部,虚部に分解するときには

$$Z=R+jX, \qquad Y=G+jB \tag{9.15}$$

と書く。名前を一度に覚えなくてよいが,$R$ は抵抗(抵抗分ともいう),$X$ はリアクタンス,$G$ はコンダクタンス,$B$ はサセプタンスという。

## 9.4 正弦波交流回路の例題

**例題 9.1** 図 9.4(a)の回路を流れる電流を求めよ。ここで

$$V=50\cos(\omega t-60°) \tag{9.16}$$

周波数は 50 Hz である。また $R=10\,\Omega$,$C=0.1\,\mathrm{mF}$ である。

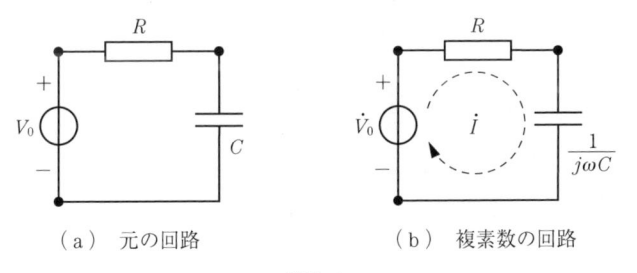

(a) 元の回路   (b) 複素数の回路

図 9.4

**【解答】** $\omega=314\,\mathrm{rad/s}$ である。図(b)のように複素数の回路を描くと,抵抗とキャパシタの直列回路であり,オームの法則によって電流が求まる。

## 9. 正弦波交流回路

$$\dot{I} = \frac{\dot{V}}{R + \dfrac{1}{j\omega C}} = \frac{50 e^{-j60°}}{10 - j31.8} = 1.50 e^{j12.6°} \tag{9.17}$$

これを正弦波に直すとつぎのようになる。

$$I = 1.50 \cos(\omega t + 12.6°) \tag{9.18}$$

◆

**注意** このときに抵抗，キャパシタにかかる電圧を計算すると，それぞれ 15 V，47.7 V になる。その和は 50 V にならない。当然だが正弦波の和はベクトルとしての和になるから，ただ振幅を足しても全体の電圧にはならない。初心者がよく間違えるところである。

**例題 9.2** 図 9.5（a）の回路で

$$V_0 = A \cos(\omega t + \theta) \tag{9.19}$$

である。点 B と点 D の間の電圧を求めよ。電圧の振幅はどうなるか，また抵抗 $R$ を変化させるとき，この電圧はどのように変化するか。

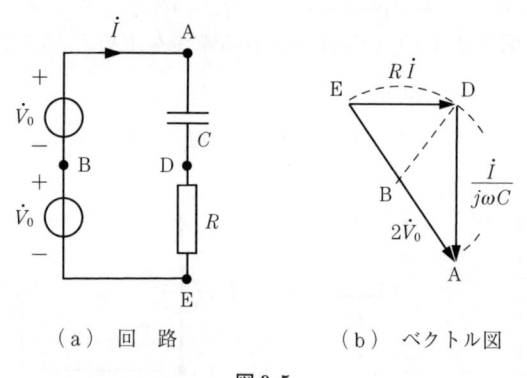

（a）回路　　　（b）ベクトル図

図 9.5

**【解答】** 式 (9.21) の電圧を複素数で表して $\dot{V}_0$ とする。前問と同様に，電流 $\dot{I}$ は次式で与えられる。

$$\dot{I} = \frac{2\dot{V}_0}{R + \dfrac{1}{j\omega C}} = \frac{2j\omega C \dot{V}_0}{1 + j\omega CR} \tag{9.20}$$

抵抗の電圧，キャパシタの電圧は，それぞれ $R\dot{I}$，$\dot{I}/j\omega C$ となる．点Bと点D間の電圧 $\dot{V}_{DB}$ は，点Eを基準にして電位の差をとると，つぎのようになる．

$$\dot{V}_{DB} = R\dot{I} - \dot{V}_0 = -\frac{1-j\omega CR}{1+j\omega CR}\dot{V}_0 \tag{9.21}$$

電圧の振幅を求めるには，この式の絶対値を計算すればよい．乗算，除算の組み合わせだから，それぞれの絶対値をとればよい．分数の分母と分子の絶対値は等しくなる．結局

$$|\dot{V}_{DB}| = |\dot{V}_0| \tag{9.22}$$

となって，$\dot{V}_{DB}$ の振幅は $\dot{V}_0$ の振幅に等しい．抵抗 $R$ を変えると，電圧 $\dot{V}_{DB}$ は振幅が一定で，位相だけが変化する． ◆

## 9.5 ベクトル図

例題 9.2 で各素子の電圧を求めた．これらはベクトルとして表すことができる．電圧，電流をベクトルとして描くとき，それを一般にベクトル図という（図 9.5（b））．

**ベクトル図と電位** ベクトル図は電位と関連づけて描くとわかりやすい．いま点Eを基準にとり，そこを出発して，点Dに行くと，ベクトル $R\dot{I}$ だけ電位が変わる．そこが点Dの電位である．点Dから点Aに行くと，キャパシタの電圧を加えればよい．そこが点Aの電位になる．点Eと点Aを結ぶとそれがベクトル $2\dot{V}_0$ であり，その中点が点Bの電位になる．電位がわかるように描いたベクトル図を，地形図ともいう．

地形図を描くと電位の関係がはっきりする．例えば抵抗の電圧ベクトルとキャパシタの電圧ベクトルは直交するから，図（b）で点Dは AE を直径とする円の上にあり，点Dがどのように動いても，BD の長さは円の半径だから一定であることがわかる．ベクトル図を描くときには，$\dot{V}_0$ のような与えられた量からでなく，末端の部分から描き始めるとうまくいく．

**例題 9.3**　図 9.6（a）の回路で，電圧，電流の関係をベクトル図で表せ。

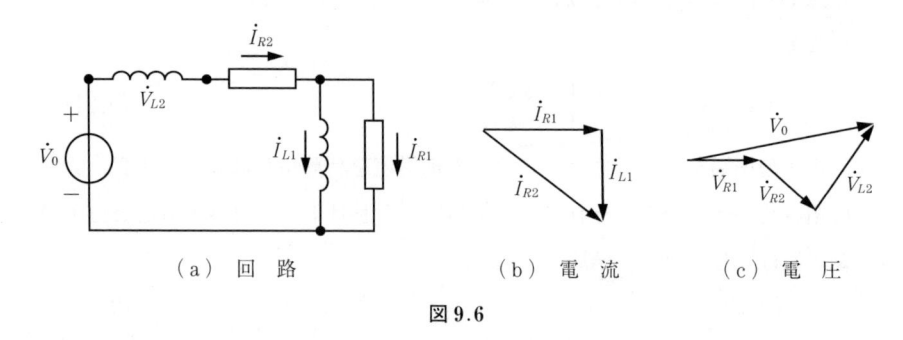

(a) 回　路
(b) 電　流
(c) 電　圧

図 9.6

【解答】　末端の方からつぎの順序で描く。まず電流 $\dot{I}_{R1}$ を仮定する。電圧 $\dot{V}_{R1}$ はこれと同じ向きである。電流 $\dot{I}_{L1}$ は，この電圧を $j\omega L_1$ で割るから，位相が 90° 遅れる。$\dot{I}_{R1}$ と $\dot{I}_{L1}$ の和が電流 $\dot{I}_{R2}$ になる。電圧 $\dot{V}_{R2}$ は $\dot{I}_{R2}$ と同じ向き，電圧 $\dot{V}_{L2}$ は $j\omega L_2$ が掛けられるから，位相は 90° 進む。これらのベクトルを回路の構造に従って足していくと，電圧 $\dot{V}_0$ のベクトルになる。◆

## 9.6　正弦波の電力

電圧，電流が正弦波であるとき，電力はどのように受け渡しされるのかを考える。**図 9.7**（a）のように，ある回路に電圧

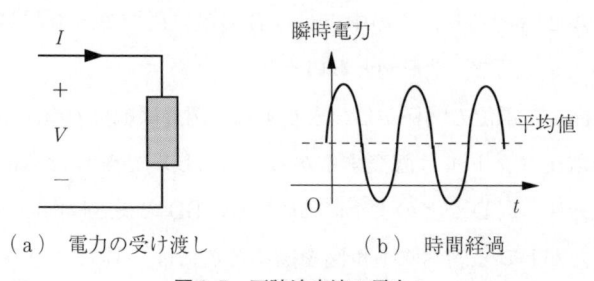

(a) 電力の受け渡し
(b) 時間経過

図 9.7　正弦波交流の電力

$$V = A\cos(\omega t + \alpha) \tag{9.23}$$

が加わり，電流

$$I = B\cos(\omega t + \beta) \tag{9.24}$$

が流れ込むとする．

　各瞬間にこの回路に送られる電力（瞬時電力）は，この電圧，電流の積である．それは時間の関数で，時々刻々変化する．もう少し整理しよう．

　瞬時電力はつぎのように計算される．

$$\begin{aligned} VI &= AB\cos(\omega t + \alpha)\cos(\omega t + \beta) \\ &= (AB/2)\{\cos(2\omega t + \alpha + \beta) + \cos(\alpha - \beta)\} \end{aligned} \tag{9.25}$$

{ }内の第1項は，2倍の周波数で変化し，振幅は1．第2項は定数で，絶対値は1以下である．結局二つの和として，電力は図（b）のように変化する．

　実際問題，例えば電力料金を計算するときには，瞬時電力ではなく，その平均値を使うのが適当である．どこからどこまで平均するかによって結果がわずかに違うかもしれないが，平均値は第2項で決まるとして問題ないだろう．つまり平均電力 $P$ は，次式で与えられる．

$$P = (AB/2)\cos(\beta - \alpha) \tag{9.26}$$

cosの（ ）内の減算は，どちらからどちらを引いてもよいのだが，習慣上は電流の位相から電圧の位相を引く．つまり電圧を基準にして，それに対して電流の位相が進みか遅れかを考える．後に出てくる図9.9の配電線のように，2本の線が共通（つまり電圧が共通）で，それに機器が接続されて電流が流れる場合には，電圧の位相はどの機器にも同じになるから，それを基準にとるのが自然である．

**実効値**　正弦波の振幅の $1/\sqrt{2}$ を実効値という．電圧の実効値を $V_e$，電流の実効値を $I_e$ とし，電流と電圧の位相差をあらためて $\theta$ と書けば，平均電力は次式で表される．

$$P = V_e I_e \cos\theta \tag{9.27}$$

これが基本的な式である．

**皮相電力，力率**　電圧と電流の単純な乗算 $P_a = V_e I_e$ を皮相電力，$\cos\theta$

を力率という．力率は％で表すことが多い．皮相電力の単位は〔W〕でよいのだが，皮相電力であることに念を押すとき，〔V・A〕と書くこともある．

例えば抵抗の場合には，電圧と電流は同じ位相であり，$\cos\theta=1$ で，皮相電力と平均電力が等しい．これに対して，インダクタやキャパシタでは，電圧と電流には 90° の位相差があり，$\cos\theta=0$ で，皮相電力が 0 でなくても平均電力は 0 である．

実効値は便利なので非常によく使われる．実際問題では，普通は実効値を使う．計器の目盛も普通は実効値である．単に 100 V といえば，実効値が 100 V で，振幅 141 V の正弦波である．波形を観測したときに図 9.8 のようであったら，端から端まで（ピーク・ピーク値という）は 283 V である．それぞれの場合に，どの定義の値を使っているのか注意してほしい．

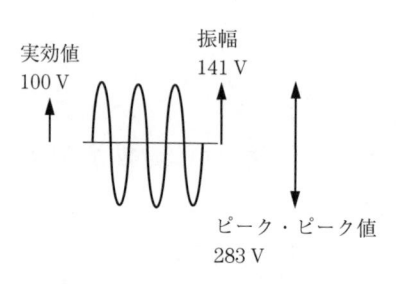

図 9.8 実効値，振幅，ピーク・ピーク値

## 9.7 複素数による電力計算

式（9.26）の電力の計算を，複素数で考えよう．電圧，電流を複素数でそれぞれ

$$\dot{V}=Ae^{j\alpha}, \qquad \dot{I}=Be^{j\beta} \tag{9.28}$$

と書く．

これから式（9.26）を導くためには，$(\beta-\alpha)$ を作らなければならない．そのためには $\dot{V}$ の共役を作る．

$$\overline{\dot{V}}=Ae^{-j\alpha} \tag{9.29}$$

これと $\dot{I}$ の積を作ると

$$\overline{\dot{V}}\dot{I}=ABe^{j(\beta-\alpha)} \tag{9.30}$$

この実部をとって 2 で割れば，式（9.26）の電力が得られる．つまり

$$P_c = \frac{\overline{\dot{V}}\dot{I}}{2} = P_1 + jP_2 \tag{9.31}$$

とおくと，$P_1$ が平均電力である。電圧，電流を実効値で表現したときには，2で割る必要はない。

**複素電力，有効電力，無効電力**　$P_c$ を複素電力，$P_1$ を有効電力（平均電力と同じ），$P_2$ を無効電力という。無効電力については，すぐ後で論じる。無効電力の単位も〔W〕でよいのだが，無効電力であることに念を押すとき，〔var〕と書く。また単に電力というと，普通は有効電力のことである。

電圧を基準にして電流の位相を $\theta$ とし，皮相電力を $P_a$ とすると，つぎの関係がある。$\theta$ の符号に注意してほしい。機器が電力（有効電力）を消費するとき $P_1$ は正値である。

$$P_a = |P_c|, \qquad P_1 = P_a \cos\theta, \qquad P_2 = P_a \sin\theta \tag{9.32}$$

**有効電力と無効電力の意味**　図 9.9 の配電線を考える。二つの機器 A，B に流れる電流の合計が配電線を流れる電流になる。

$$\dot{I} = \dot{I}_A + \dot{I}_B \tag{9.33}$$

両辺に $\overline{\dot{V}}$ を乗じればわかるように，配電線の左から送られてくる複素電力が，二つの機器 A，B に受け取られる。送られてきた

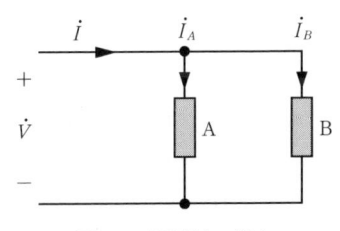

**図 9.9**　配電線の場合

電力が必ずどこかに受け取られることは，有効電力については，エネルギー保存則から当然である。しかし式 (9.33) は無効電力についても，送られてきた電力が必ずどこかで受け取られることを示している。

いいかえれば，負荷側が必要な有効電力はもちろん，無効電力も電源側から供給しなければ，設計したとおりの状態を実現できない（複素電力の保存則）[†]。

---

[†] 電力でなく，直接に電流で考えてもよいように思うが，例えば後で学ぶ変圧器が途中に挿入されると，電流ではなく電力で考えたほうがわかりやすい。また図 9.9 の場合にはこれでよいが，複素電力保存という考えは，物理的に保証されている原理ではない。違う構造の回路に適用するときには，成り立つかどうかに注意が必要である。

## 9.8 電力計算の例題

**例題 9.4** 図 9.9 で,配電線の電圧が 100 V(実効値),二つの機器の定格がつぎのとおりである。

機器 A:電流　5 A(実効値),力率　80 %(遅れ)
機器 B:電流　3 A(実効値),力率　60 %(進み)

全体としての電力,電流などを調べよ。

【解答】　回路として計算してもよいが,電力の扱い方を練習しよう。

$\cos\theta_A = 0.8$　∴　$\sin\theta_A = -0.6$
$\cos\theta_B = 0.6$　∴　$\sin\theta_B = 0.8$

皮相電力は

$P_{aA} = 500$ V・A,　　$P_{aB} = 300$ V・A

有効電力は

$P_{1A} = P_{aA}\cos\theta_A = 400$ W
$P_{1B} = P_{aB}\cos\theta_B = 180$ W

無効電力は

$P_{2A} = P_{aA}\sin\theta_A = -300$ var
$P_{2B} = P_{aB}\sin\theta_B = 240$ var

全体としての有効電力は

$P_1 = P_{1A} + P_{1B} = 580$ W

無効電力は

$P_2 = P_{2A} + P_{2B} = -60$ var

皮相電力は

$P_a = \sqrt{(P_1^2 + P_1^2)} = 583$ V・A

力率は

$\cos\theta = \dfrac{P_1}{P_a} = 99.5$ %(遅れ)

電流は

$$\frac{P_a}{100} = 5.83 \text{ A}$$

となる。有効電力，無効電力は加算になるが，皮相電力は加算にならない。

◆

**例題 9.5** 図 9.10 のように，正弦波電圧源 $\dot{V}_0$ とインピーダンス $Z_0$（抵抗分は正）からなる電源がある。この端子にインピーダンス $Z$ を接続する。$Z$ は，抵抗分 $R$ が正値の範囲で自由に変えることができる。このインピーダンス $Z$ が受け取る有効電力が最大になるように $Z$ の値を定めよ。またそのときの有効電力はいくらか。

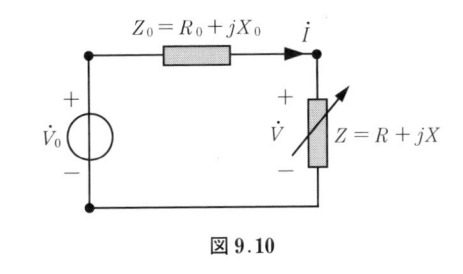

**図 9.10**

【解答】 電圧，電流を実効値とする。回路を流れる電流は

$$\dot{I} = \frac{\dot{V}_0}{Z_0 + Z} \tag{9.34}$$

インピーダンス $Z$ の電圧 $\dot{V}$ は $Z\dot{I}$ であるから，このインピーダンスの受け取る複素電力は，つぎのようになる。

$$P_c = \overline{\dot{V}} \dot{I} = \overline{Z}\,\overline{\dot{I}}\,\dot{I} = \overline{Z}|\dot{I}|^2 = \frac{(R-jX)|\dot{V}_0|^2}{|Z_0+Z|^2} \tag{9.35}$$

実部をとると有効電力になる。

$$P_1 = \frac{R|\dot{V}_0|^2}{|Z_0+Z|^2} = \frac{R|\dot{V}_0|^2}{(R_0+R)^2+(X_0+X)^2} \tag{9.36}$$

これが最大になるように $R$ と $X$ を決定する。まず $X$ については，式 (9.36) の形から明らかなように，$X = -X_0$ としたときに最大になる。そのようにおくと，式の形は有能電力についての例題 2.3 とまったく同じになり，最大になるのは $R = R_0$ のときである。結局

$$Z = \overline{Z}_0 \tag{9.37}$$

のときに有効電力は最大になり，その値は

$$P_1 = \frac{|\dot{V}_0|^2}{4R_0} \tag{9.38}$$

となる．これが $\dot{V}_0$ と $Z_0$ の電源回路が供給できる最大電力（有能電力）である．実効値でなく振幅を使うと，分母の4は8になる．直流回路では $R=R_0$ のときに電力が最大になるが，正弦波交流回路では $Z=\overline{Z}_0$ のときに電力が最大になる（共役整合という）． ◆

## 演 習 問 題

（1） 図 9.11 の回路で，抵抗 100 Ω の電圧もインダクタの電圧も，ともに振幅 100 V の正弦波である．ベクトル図を描け．点 A と点 B 間の電圧はいくらか．またインダクタンス $L$ の値はいくらか．周波数は 50 Hz である．

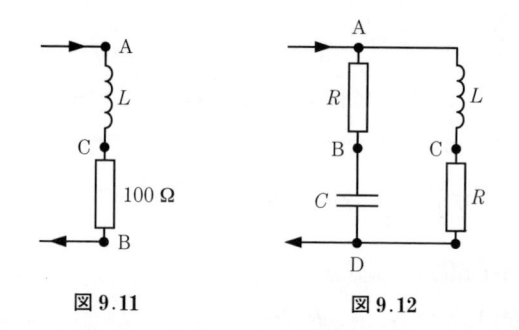

図 9.11

図 9.12

（2） 図 9.12 の回路で，点 B と点 C の間の電圧が 0 になる条件を求めよ．またそのとき点 A と点 D の間のインピーダンスはいくらになるか．

（3） 図 9.13 で $jX_1$ と $jX_2$ はインダクタまたはキャパシタで，リアクタンス成分のみである．200 Ω の抵抗にできるだけ多くの有効電力が供給されるように，$X_1$ と $X_2$ の値を決定せよ．

（4） 図 9.14 の回路で，閉路方程式を作って電圧の比 $\dot{V}_2/\dot{V}_1$ を求めよ．ま

図 9.13

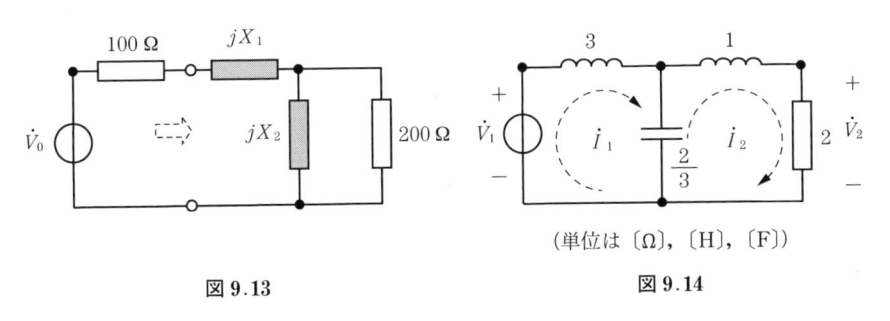

図 9.14（単位は〔Ω〕，〔H〕，〔F〕）

た直列，並列の考えで同じ比を計算せよ．

（5） 図 9.15（a）の回路のインピーダンスを計算せよ．また図（b）の回路のアドミタンスを計算せよ．両者がまったく同じ形をしていることを確かめ，数値としてどのような条件があれば，両者が完全に同じになるかを検討せよ．

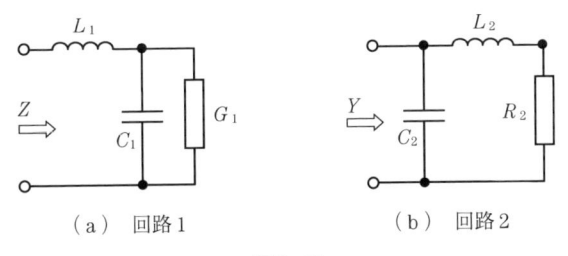

（a） 回路 1

（b） 回路 2

図 9.15

（6） 図 9.16 のように，正弦波電圧の配電線にインダクタとキャパシタが接続されている．二つの素子に各瞬間に蓄えられるエネルギーを求めよ．

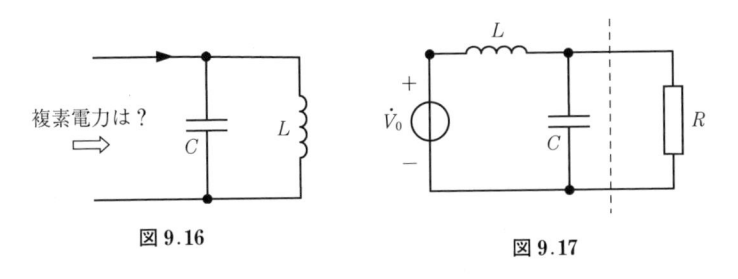

図 9.16

図 9.17

つぎに各素子の複素電力を求めよ。いま $\omega^2 LC=1$ の条件があると，二つの素子の有効電力も無効電力も合計 0 で，電源からは電流が流れず，エネルギーも受け渡しがない。しかし素子にはエネルギーが存在し，時々刻々変化している。この状況について考察せよ。

(7) 図 9.17 の回路で，$\omega^2 LC=1$ の条件が成立していると，抵抗 $R$ を流れる電流は抵抗値に関係なく一定である。つまり破線の左側は電流源になっている。このことを鳳-テブナンの定理を用いて説明せよ。

(8) 図 9.18 の回路で，$R^2=L/C$ が成立しているとき，電圧比 $\dot{V}_2/\dot{V}_1$ を求めよ（問題（2）の結果を知っていれば，これは簡単に求められる）。

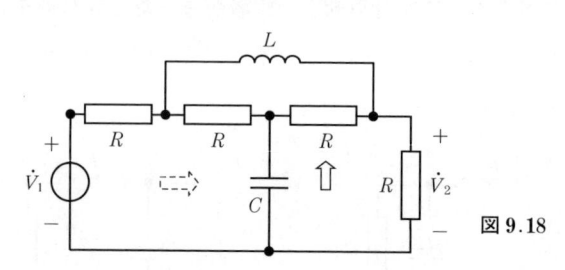

図 9.18

# 10 相互インダクタと変圧器

## 10.1 コイルと磁束

　7章で学んだインダクタについて，もう少し考えよう。図 10.1 ( a ) のコイルに電流が流れると磁力線が発生する。外部の電圧を上げて磁力線を増やそうとすると，コイルは変化を防ごうとして電圧を発生する。電流によって磁力線が発生し，磁力線が変化しようとすると電圧が発生するという二つの現象が起きている。ここまでをすでに学んだ。

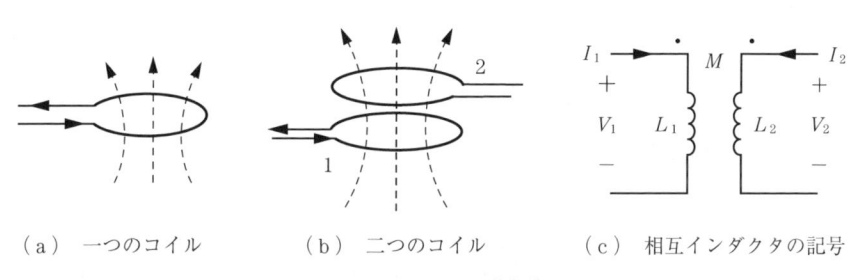

（a）一つのコイル　　（b）二つのコイル　　（c）相互インダクタの記号

図 10.1　コイルと磁力線

**磁　束**　詳しくは電磁気学に任せるが，磁力線の「多い少ない」を，ある約束によって数え，それを磁束という。コイルの形が決まると，電流によって発生する磁束は，電流に比例する。同じ形に $n$ 回コイルが巻いてあれば，磁束は $n$ に比例する。結局，コイルを通過して発生する磁束 $\varPhi$ は，電流 $I$ と巻数 $n$ の積に比例する。

$$\varPhi = anI \tag{10.1}$$

ここで $a$ は，コイルの形や周囲の条件が与えられれば決まる定数である。

　磁束が変化しようとするとき，コイルにはその変化の速さに比例した電圧が発生する。同じ形に $n$ 回コイルが巻いてあれば，$n$ に比例した電圧が発生する。

$$V = n\frac{d\Phi}{dt} \tag{10.2}$$

磁束を数える約束事として，ここで比例定数が1になるようにしてある。

　式 (10.1)，(10.2) を組み合わせると

$$V = L\frac{dI}{dt} \tag{10.3}$$

ここで $L = an^2$ である。これがすでに学んだインダクタンスである。

## 10.2　相互インダクタ

　いま図10.1 (b) のように，このコイル (コイル1とする) とまったく同じ形，同じ位置に第2のコイル (コイル2とする) が巻いてあるとすると，通過する磁束は同じだから，コイル1にもコイル2にも，それぞれの巻数に比例して同じように電圧 $V_1$，$V_2$ が発生する。

$$V_1 = n_1 \frac{d\Phi}{dt}, \qquad V_2 = n_2 \frac{d\Phi}{dt} \tag{10.4}$$

さらに式 (10.1) を用いると

$$V_1 = L_1 \frac{dI}{dt}, \qquad V_2 = M \frac{dI}{dt} \tag{10.5}$$

の形になる ($L_1$，$M$ は比例定数)。

　コイル2に電流が流れても同じことが起きる。それぞれのコイルの電流を $I_1$，$I_2$ とすると，重ね合わせによって次式が成立する。

$$\begin{aligned}V_1 &= L_1 \frac{dI_1}{dt} + M \frac{dI_2}{dt} \\ V_2 &= M \frac{dI_1}{dt} + L_2 \frac{dI_2}{dt}\end{aligned} \tag{10.6}$$

計算すると比例定数はつぎのようになる。

$$L_1 = an_1^2, \quad M = an_1 n_2, \quad L_2 = an_2^2 \tag{10.7}$$

である。

いまコイル1から発生した磁束がすべてコイル2を通るとしているが，一般にはコイル1から発生した磁束の一部だけがコイル2を通る（逆も成り立つ）。そのときとき $L_1$，$L_2$ の値は変わらないが，$M$（の絶対値）は上の場合より小さくなる。そして式（10.6）が適用できる（丁寧に調べると，式（10.6）の二つの式で $M$ は同じ値である）。

このように2個のコイルが磁束を通して結合した素子を，相互インダクタという。式（10.6）が相互インダクタの基本式である。$L_1$，$L_2$ をそれぞれのコイルの自己インダクタンス，$M$ を相互インダクタンスという。単位はいずれも〔H〕である。図10.1（c）が，相互インダクタの記号である[†1]。

**電圧・電流のとりかた**　コイルについては，電圧の＋側から電流が流れ込むようにとると約束してきた。それを守るかぎり $L_1$，$L_2$ は正になる。しかしコイル1によって生じた磁束に対して，コイル2の電圧にどのような向きを与えるかは任意であるから，その決め方しだいで $M$ は正負いずれにもなる。

混乱を避けるにはつぎのようにする。まず磁束 $\phi$ の向きを決め，その向きに磁束を発生させる電流の向きを $I_1$，$I_2$ とする（右ネジの法則で決めればよい[†2]）。図（c）でコイルの横に黒丸がついているが，それはここから流れ込む向きに電流を設定せよという意味である。そして黒丸を電圧の＋にする。そうすれば自己インダクタンスはもちろん，相互インダクタンスも正になる。

---

[†1]　相互インダクタもすぐ後で説明する変圧器も，回路記号は統一されていない。この本では図の記号を使用する。

[†2]　右ネジの法則：電流の向きと磁束の関係についてはいろいろな覚え方があるが，技術者であれば右ネジ（普通のネジ）を回す向きはわかっているはずだ。右ネジを電流の向きに回したときに，ネジが進む方向が磁束の向きである（という定義になっている）。

　もし回路図に初めから黒丸が書いてあれば問題ない。実物があれば電流と磁束の向きの関係を調べればよい。回路図に黒丸がなく実物が手元になければ，調べようがないから，適当に黒丸を仮定して計算するしかない。また黒丸を「コイルの巻き始め」と説明する人がいるが，それは勧められない。

**結合係数**　なお式 (10.7) から $M^2 = L_1 L_2$ が成立する。これはコイル1を通る磁束がすべてコイル2を通る場合である。一般には，コイル1の磁束の一部だけがコイル2を通過するから

$$M^2 \leq L_1 L_2 \tag{10.8}$$

となる。上式で等号が成立するとき，相互インダクタは密結合であるという。また $k = |M|/\sqrt{L_1 L_2}$ を結合係数という。$0 \leq k \leq 1$ で，密結合の場合には $k=1$ である。

## 10.3　相互インダクタを含む回路

式 (10.6) が相互インダクタの基本式である。計算をするときには，いつも黒丸から流れ込む向きに電流をとり，黒丸を電圧の＋にする。これを守らずに，「逆にとったからここに－を付けて」などと考えると，必ず混乱する。過渡現象ならば式 (10.6) をそのまま使い，正弦波交流ならば微分を $j\omega$ に置き換える。

---

**例題 10.1**　図 10.2 の正弦波交流回路で，端子 A，B から右側を見たとき，インピーダンスはいくらか。

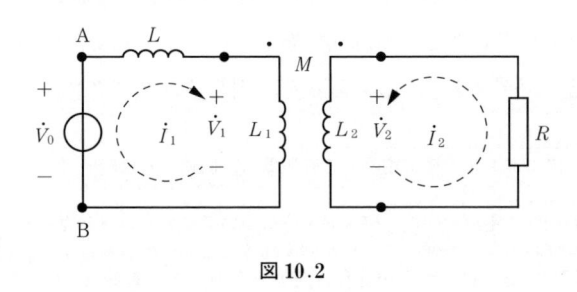

図 10.2

---

【解答】　相互インダクタの約束に従って電流をとり，ついでに閉路電流にする。まず相互インダクタの式を書く。

## 10.3 相互インダクタを含む回路

$$V_1 = j\omega L_1 \dot{I}_1 + j\omega M \dot{I}_2$$
$$V_2 = j\omega M \dot{I}_1 + j\omega L_2 \dot{I}_2 \tag{10.9}$$

閉路に沿って電位差の合計を作り，0とおけば次式を得る。

$$\dot{V}_0 - j\omega L \dot{I}_1 - \dot{V}_1 = 0, \qquad -R\dot{I}_2 - \dot{V}_2 = 0 \tag{10.10}$$

式 (10.9)，(10.10) を連立方程式として解き，$\dot{V}_0/\dot{I}_1$ を求めればよい。つぎのようになる。

$$\dot{V}_0 = \left( j\omega L + j\omega L_1 + \frac{\omega^2 M^2}{R + j\omega L_2} \right) \dot{I}_1 \tag{10.11}$$

上式の括弧内が求めるインピーダンスになる。相互インダクタンスはしばしば $M^2$ の形で現れる。その場合には $M$ の符号を気にしなくてもよい。　◆

---

**例題 10.2** 図 10.3（a）の相互インダクタを図（b）のように描いてもよいという。二つの回路で方程式が同じになることを確かめよ。

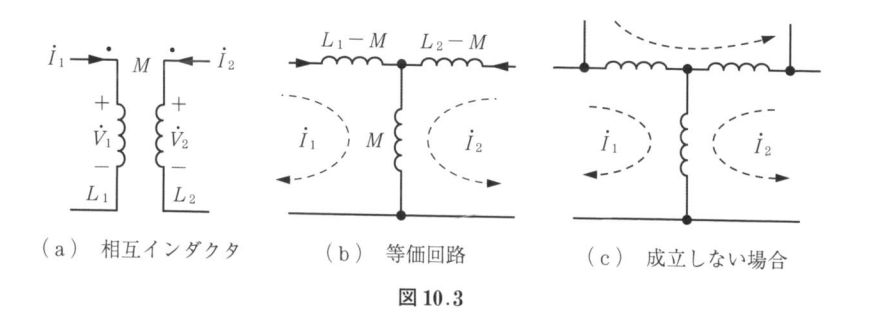

（a）相互インダクタ　　　（b）等価回路　　　（c）成立しない場合

**図 10.3**

---

【解答】　正弦波交流とする。図（a）の回路は原理どおりで，式 (10.9) が成立する。図（b）の回路についても，閉路方程式と同様に考えれば，式 (10.9) が成立する。その意味では二つの回路は同じである。

ここで注意すべきだが，図（b）では二つの閉路電流 $\dot{I}_1$，$\dot{I}_2$ しか考慮していない。もし図（c）のようにほかの部分に接続があり，図（b）の変形の結果として別の閉路電流が流れる場合には，式 (10.9) は成立しない。安易に図（b）の回路を使うのは危険である。　◆

**例題 10.3** 図10.4のように相互インダクタを接続して端子から見ると，一つのインダクタと同じである。インダクタンスはいくらになるか。

**【解答】** 正弦波交流とする。相互インダクタの式は前と同じ式 (10.9) である。端子電圧 $\dot{V}$ と端子電流 $\dot{I}$ の関係を求めればよい。この接続では

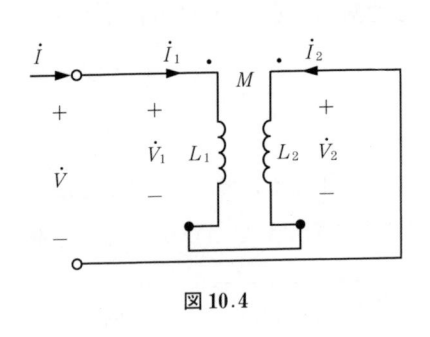

$$\dot{I} = \dot{I}_1 = -\dot{I}_2 \qquad (10.12)$$

端子電圧 $\dot{V}$ については，−端子から＋端子まで道をたどればよい。

$$\dot{V} = -\dot{V}_2 + \dot{V}_1 \qquad (10.13)$$

である。式 (10.9)，(10.12)，(10.13) からつぎのようになる。

$$\dot{V} = j\omega(L_1 + L_2 - 2M)\dot{I} \qquad (10.14)$$

つまり端子からみると，$L_1 + L_2 - 2M$ のインダクタと同じである。

図10.4

現実的な応用として，2個のコイルをこの図のように接続し，相互位置関係を変えると $M$ が変わる。コイルの巻数を変えずに連続可変のインダクタンスが作られる。　◆

## 10.4　磁気回路

一つのコイルで発生した磁力線は，空間を通り，また元の点に戻ってくる。閉路電流と同じように，磁力線は自分だけで完結して（閉じて）おり，磁束が途中で発生したり消えたりすることはない。

**磁気回路**　　磁束が空間を通るとき，電流と同じように通りやすい物質を選んで通る。ある種の材料は空気より数千倍も磁束を通しやすい（磁性材料という）。したがって磁性材料で磁束の通路を作ると，電流が導線から漏れずに流れるのと同じで，磁束はほとんど外へ漏れることなく磁性材料の中を通過する。

## 10.4 磁気回路

このような場合，電気回路と同じように磁気回路を考えることができる。図 10.5（a）のように，ドーナッツ形の磁性材料に $n$ 回のコイルを巻いて，電流 $I$ を流す。磁束 $\Phi$ を発生させる源は $nI$ で，これが電圧源に相当する（起磁力という）。ドーナッツ形の磁性材料の磁束の通しやすさ（本当は通しにくさ）を，磁気抵抗 $R$ で表すと，電気回路のオームの法則と同じように，次式が成立する（図（b））。

$$\Phi = \frac{nI}{R} \tag{10.15}$$

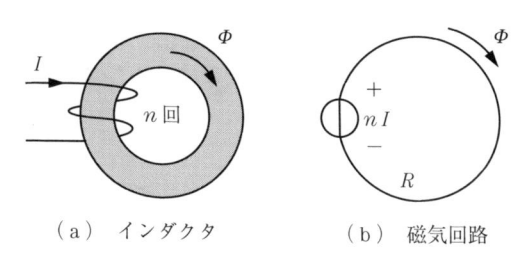

（a）インダクタ　　（b）磁気回路

**図 10.5**　インダクタと磁気回路

一方コイルを通過する磁束が変化しようとすると，次式に従ってコイルに電圧が発生する。

$$V = n\frac{d\Phi}{dt} \tag{10.16}$$

コイルがいくつあっても，また磁性材料がもっと複雑な形になっても，電気回路の場合と同じように計算ができる。

**電流の向き**　コイルの巻き方向と磁束の向きの関係に注意しなければならない。コイルに黒丸が初めからついているときには，前の説明の注意を守れば問題ない。黒丸がなく調べる必要があるときには，磁束の向きをまず任意に設定し，その向きの磁束を発生するように（右ネジの法則で）電流の向きを決める。後で変圧器の場合とまとめて説明する。

---

**例題 10.4**　図 10.5（a）のインダクタについて，磁気抵抗 $R$ がわかっているとき，インダクタンス $L$ はどのように計算されるか。

【解答】　電流が流れると，磁束は式（10.15）で与えられる。磁束の変化によって式（10.16）のように電圧が発生するから，まとめると次式になる。

$$V = \frac{n^2}{R}\frac{dI}{dt} \tag{10.17}$$

結局インダクタンスは，$L = n^2/R$ である。　◆

## 10.5　変　圧　器

図 10.6（a）のように 2 巻線の構造について，図（b）の磁気回路を考える。いま非常に良質の磁性材料を使用したとする。つまり磁気抵抗 $R$ が非常に小さいとする。

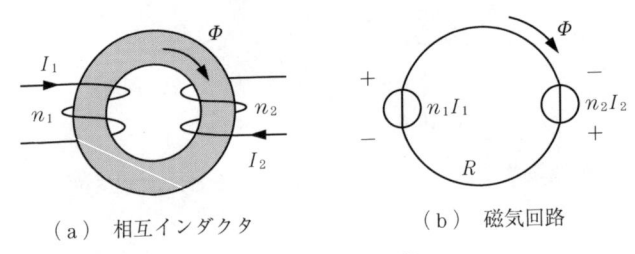

（a）　相互インダクタ　　　（b）　磁気回路

図 10.6　変　圧　器

**変　圧　器**　この極限を考えると，つぎの二つの条件が成立する。
（a）　磁束は，磁性材料から漏れ出すことはなく，その中を通る。
（b）　磁性材料の中を一回りすると，起磁力の和は 0 である。

この二つの条件が成立するとしたときに，相互インダクタを変圧器という（変成器ともいう。また極限の理想状態という意味で，理想変圧器ともいう）。変圧器の記号としては，図 10.7（a）のように，相互インダクタの記号に棒を入れることにする。ただしこれは図 10.6（a）のようなドーナッツ形の磁気回路の場合である。磁気回路の形がもっと複雑なときには，その構造を描かないと状況がわからない。

**電流・電圧の関係**　変圧器では，つぎの式が成立する。まず磁気抵抗が 0

## 10.5 変圧器

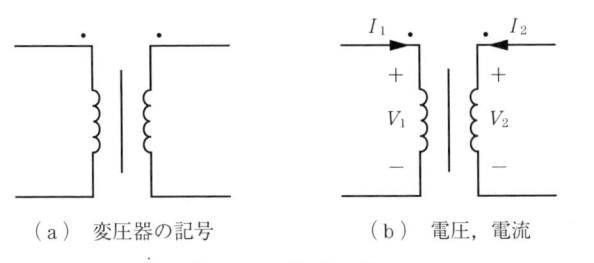

(a) 変圧器の記号　　(b) 電圧, 電流

図 10.7　変圧器

であるから，閉路に沿って起磁力の和を作ると 0 でなければならない。この図の場合には

$$n_1 I_1 + n_2 I_2 = 0 \tag{10.18}$$

磁気抵抗が 0 だから起磁力の和が 0 だという論理は，少し奇妙に思えるが，実際の回路では電流がそうなるように外部で調整される。調整ができないときには，非常に大きな磁束が生じて磁性材料の特性が変わり，変圧器とはいえない状態になるだろう。

電圧については，磁束が共通だから，その微分が巻線 1 回当たりの電圧になる。したがって次式が成立する。

$$\frac{V_1}{n_1} = \frac{V_2}{n_2} \tag{10.19}$$

以上の 2 式が，2 巻線の場合の基本式になる[†]。これらの式は，電圧・電流が時間関数であっても，正弦波の複素数表示であっても同様である。

**電圧・電流の向き**　　相互インダクタの場合と合わせて，電圧・電流の設定の仕方を説明する。コイルに黒丸があれば，黒丸から流れ込む電流，黒丸が＋になる電圧を設定する。しかし複雑な磁気回路では簡単に黒丸を付けることができない。

一般論はつぎのようになる。まず磁束の向きを任意に設定する。それぞれの

---

[†] 少し勉強した人は，「電圧が巻線の比，電流が巻線の逆比になる。すなわち

$$V_1 : V_2 = n_1 : n_2, \quad I_1 : I_2 = n_2 : n_1 \tag{10.20}$$

（電流の向きが違うが）」と理解しているかもしれない。これは 2 巻線の変圧器の場合には便利だが，3 巻線以上の場合には通用しない。式を暗記するのでなく，原理を理解しておいてほしい。

コイルについて，設定した向きに磁束を発生するように電流の向きを決める。電流の流れ込む端子に黒丸を付け，黒丸を電圧の＋にする（図 10.7（b））。これで混乱はない。回路図だけで，実物も見取り図もないときは調べようがないから，適当に仮定して計算するしかない。

## 10.6　変圧器を含む回路

磁性材料が複雑な形になっても，計算の原理は同じである。

---

**例題 10.5**　図 10.8（a）の 3 巻線変圧器について，電圧，電流の関係を調べよ。

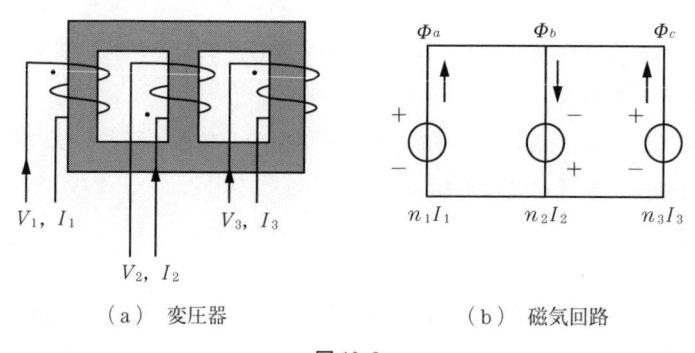

（a）変圧器　　　　　　　　　（b）磁気回路

図 10.8

---

【解答】　磁気回路は図（b）のようになる。磁束の向きを図のように設定すると，巻線の黒丸は図（a）のようになる。起磁力は磁束を流す方向に設定する。磁束が外部に漏れないから，キルヒホッフの電流則と同じで，次式が成立する。

$$\Phi_a - \Phi_b + \Phi_c = 0 \tag{10.21}$$

磁気回路には閉路が二つある。それらに沿って起磁力の和を 0 とおく。

$$n_1 I_1 + n_2 I_2 = 0, \qquad n_2 I_2 + n_3 I_3 = 0 \tag{10.22}$$

それぞれの磁束を微分すると 1 巻当たりの電圧になるから，式（10.21）を

微分したと思えば,次式が成立する。

$$\frac{V_1}{n_1} - \frac{V_2}{n_2} + \frac{V_3}{n_3} = 0 \tag{10.23}$$

式 (10.22), (10.23) が,この変圧器の電圧,電流の関係である。

ここまでの例からわかるように,変圧器では電圧間の関係式,電流間の関係式がそれぞれ導かれ,電圧と電流が混合することはない。また $n$ 巻線の変圧器では,合計 $n$ 個の関係式が得られる。　◆

---

**例題 10.6**　図 10.9 の回路で,変圧器の 1 側から見た抵抗はいくらになるか。

---

【解答】　変圧器の式は

$$n_1 I_1 + n_2 I_2 = 0 \tag{10.24}$$

$$\frac{V_1}{n_1} = \frac{V_2}{n_2} \tag{10.25}$$

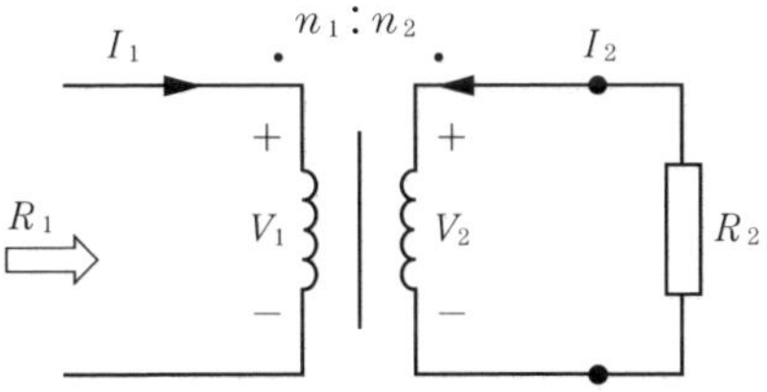

2 側の抵抗の式は(電圧,電流の向きが逆であることに注意して)

$$V_2 = -R_2 I_2 \tag{10.26}$$

1 側から見た抵抗 $R_1$ は,$V_1/I_1$ であるから,以上の式からつぎのようになる。

図 10.9

$$R_1 = \left(\frac{n_1}{n_2}\right)^2 R_2 \tag{10.27}$$

2 巻線変圧器を通して相手側を見たとき,抵抗(一般にはインピーダンス)は巻数の 2 乗比で変換される。この性質は,電源と負荷の間で整合をとるためによく利用される。基本的なことだが暗記してはいけない。3 巻線になるとたちまち混乱する。　◆

---

**例題 10.7**　図 10.10 (a) の相互インダクタは,変圧器と 2 個のインダクタを用いると図 (b) のように描くことができる。これを説明せよ。

138    10. 相互インダクタと変圧器

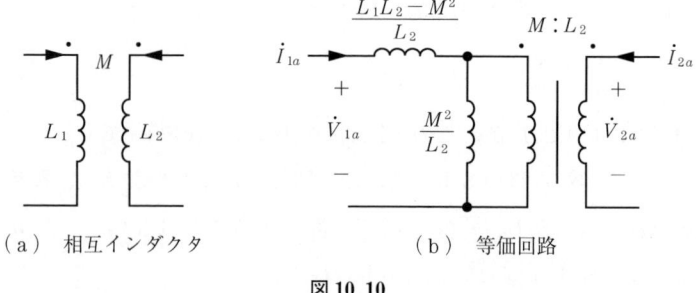

(a) 相互インダクタ　　　　(b) 等価回路

**図 10.10**

【解答】　正弦波で考え，図（b）で変圧器の電圧を $\dot{V}_1$, $\dot{V}_2$, 電流を $\dot{I}_1$, $\dot{I}_2$ とする．煩雑になるので，図では記号を省略してある．それらの関係は，いままでどおり式 (10.18), (10.19) である．図（b）の両端での電圧を $\dot{V}_{1a}$, $\dot{V}_{2a}$, 電流を $\dot{I}_{1a}$, $\dot{I}_{2a}$ とし，それらの関係が（a）の相互インダクタの式になればよい．

変圧器の外側の電圧，電流の関係は，つぎのようになる．

$$\dot{I}_{1a} = \dot{I}_1 + \frac{\dot{V}_1}{j\omega M^2/L_2} \tag{10.28}$$

$$\dot{V}_{1a} = \dot{V}_1 + j\omega \frac{L_1 L_2 - M^2}{L_2} \dot{I}_1 \tag{10.29}$$

$$\dot{I}_{2a} = \dot{I}_2, \qquad \dot{V}_{2a} = \dot{V}_2 \tag{10.30}$$

以上の式をまとめると，$\dot{V}_{1a} = j\omega L_1 \dot{I}_{1a} + j\omega M \dot{I}_{2a}$, $\dot{V}_{2a} = j\omega M \dot{I}_{1a} + j\omega L_2 \dot{I}_{2a}$ が得られる．これは図（a）の相互インダクタの表現にほかならない．　◆

## 10.7　エネルギーの授受

相互インダクタは磁気によって動作をするのだから，エネルギーを蓄えることができる．一般的に，電圧，電流が時間の関数であるとする．任意の瞬間において，相互インダクタに入る電力は，

$$P = V_1 I_1 + V_2 I_2 \tag{10.31}$$

で与えられる．これを積分すれば，ある期間に相互インダクタが受け取ったエ

ネルギーになる。この計算は，1個のインダクタの場合と同じである。

$$\int_0^t (V_1 I_1 + V_2 I_2)\, dt$$
$$= \int_0^t \left\{ \left( L_1 \frac{dI_1}{dt} + M \frac{dI_2}{dt} \right) I_1 + \left( M \frac{dI_1}{dt} + L_2 \frac{dI_2}{dt} \right) I_2 \right\} dt$$
$$= \frac{1}{2} \left( L_1 I_1^2 + 2M I_1 I_2 + L_2 I_2^2 \right) \Big|_0^t$$
$$= \frac{1}{2} \left( L_1 I_{1t}^2 + 2M I_{1t} I_{2t} + L_2 I_{2t}^2 \right) \tag{10.32}$$

これが相互インダクタの蓄えているエネルギーである。上の計算では $I_1$，$I_2$ がともに0のときを基準にし，そのときのエネルギーを0としている。$I_{1t}$，$I_{2t}$ は時刻 $t$ における電流値であり，蓄積エネルギーは電流の現在値で決まる。

なお式 (10.32) で $I_{1t}/I_{2t}=x$ とおくと，つぎのようになる。

$$\left( \frac{1}{2} \right) I_{2t}^2 (L_1 x^2 + 2Mx + L_2) \tag{10.33}$$

いまの場合 $L_1>0$ であり，式 (10.8) で説明したように $M^2 - L_1 L_2 \leq 0$ であるから，2次式の性質によって式 (10.33) は負になることはない。つまり相互インダクタは外部からエネルギーを受け取り，それを蓄えて，消費することなくまた外部に返す働きをする。その点では，単独のインダクタとまったく同じ働きである。

一方変圧器はどうかというと，式 (10.18)，(10.19) から容易に導かれるように，各瞬間において

$$P = V_1 I_1 + V_2 I_2 = 0 \tag{10.34}$$

である。つまり変圧器は外部と電力をやりとりしない。左から受け取ったエネルギーは，その瞬間に右へ出て行く。その意味では，導線で接続したのと変わりがない。

## 10.8 固有振動

6章では，一般に回路に含まれるインダクタ，キャパシタの数だけの固有振

動が生じることを経験した。その数が多いほど回路の振舞いは複雑になる。その意味では，回路中に何個のインダクタ，キャパシタが含まれるかを調べることが重要である。

相互インダクタは，見かけ上 $L_1$，$M$，$L_2$ の3個の定数を含んでいる。しかし例題 10.7 で見たように，相互インダクタは2個のインダクタで表すことができる。特に密結合の場合には，$L_1L_2-M^2=0$ で，インダクタがさらに消滅し，1個のインダクタと同じことになる。

変圧器はエネルギーを蓄えないから，固有振動の個数には関係しない。芝居の黒子のように，電圧，電流の変換だけをして，ほかのことには関係しない。

**例題 10.8** 図 10.11 の回路について，固有振動を求めよ。もし $M$ を密結合になるまで増加すると，固有振動はどうなるか。

【解答】 固有振動を求めるのだから，電源を 0 とおく。図のように閉路電流 $I_1$，$I_2$ をとり，インダクタを $pL$ として閉路方程式を作る。相互インダクタの式 (10.6) を用いてもよいが，図 10.3 (b) の等価回路を頭に描くと，ただちに式が得られる。

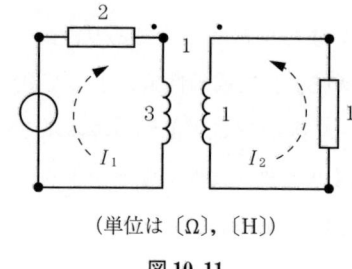

(単位は〔Ω〕，〔H〕)

図 10.11

$$(3p+2)I_1 \quad +pI_2=0$$
$$pI_1+(p+1)I_2=0 \tag{10.35}$$

この式から $I_2$ を消去すると

$$(2p^2+5p+2)I_1=0 \tag{10.36}$$

これから 0 でない $I_1$ を得るためには

$$2p^2+5p+2=0 \quad \therefore \quad p=-2, \quad -0.5 \tag{10.37}$$

となって，上の説明のとおりに2個の固有振動が得られる。

ここで $M$ を密結合の値，すなわち $\sqrt{3}$ H に増加すると，上と同じように

計算して

$$5p+2=0 \quad \therefore \quad p=-0.4 \tag{10.38}$$

となり，1個の固有振動しか生じない。

## 演 習 問 題

(1) 図10.12の回路で，破線の右側を見ると，インピーダンスはどのような素子と同じになっているか。

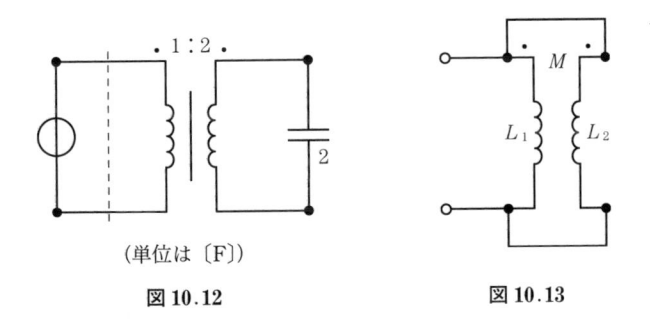

図10.12 （単位は〔F〕）

図10.13

(2) 図10.13のように相互インダクタを接続して端子から見ると，一つのインダクタと同じである。インダクタンスはいくらになるか。

(3) 図10.14の回路で，正弦波交流電圧の比 $\dot{V}_R/\dot{V}_S$ を求めよ。ある周波数で $\dot{V}_R=0$ になる。その周波数を求めよ。また一方の巻線の向きを逆にすると，正弦波に対して $\dot{V}_R$ が0になることはない。それを確かめよ。

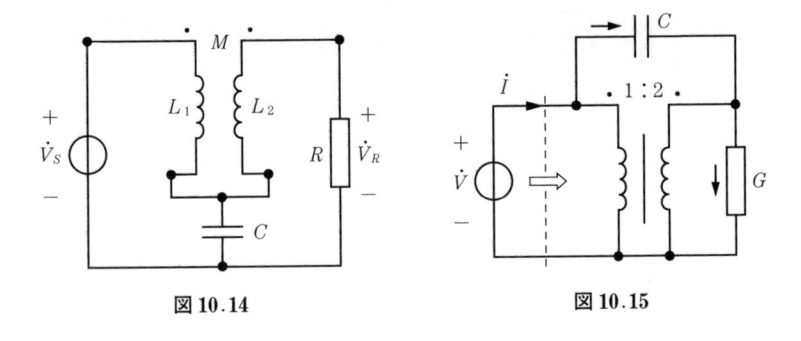

図10.14

図10.15

(4) 図 **10.15** の回路で，破線から右側を見たときのインピーダンスはどのようになるか計算せよ．またこの回路の電圧，電流についてのベクトル図を描け．

(5) 図 **10.16** の 3 巻線変圧器について，電圧，電流の関係を求めよ．またその関係式を用いて，変圧器が電力を消費しないことを確かめよ．

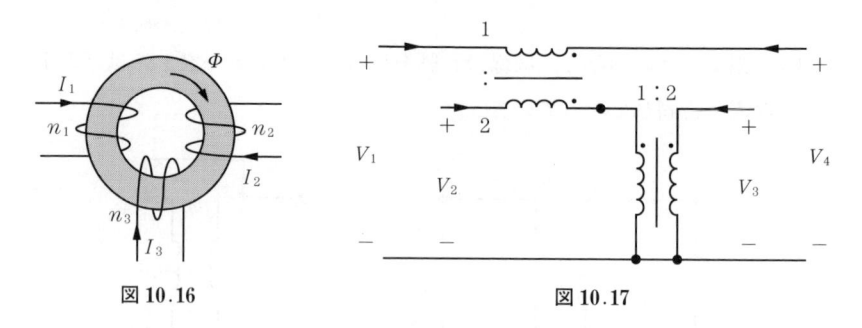

図 10.16

図 10.17

(6) 図 **10.17** の回路について，電圧，電流の関係を求めよ．

(7) 図 **10.18** の変圧器について，電圧，電流の関係を求めよ．

(8) 図 **10.19**（a），（b）の二つの回路について，電圧比 $\dot{V}_2/\dot{V}_1$ をそれぞれ求め，同じ形をしていることを確かめよ．

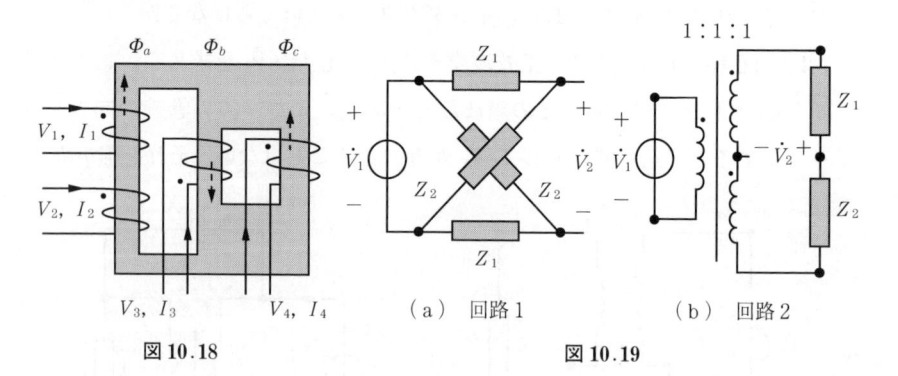

図 10.18

（a） 回路 1

（b） 回路 2

図 10.19

# 11 4 端 子 網

## 11.1 4端子網とは

　9章までに学んだ抵抗，インダクタ，キャパシタなどは2端子素子である。10章に入って，相互インダクタや変圧器など4端子素子を学んだ。ところで電気工学では，図11.1のような接続を使うことが多い。通信システムにおいては，送信機，ケーブル，フィルタ，…，また電力システムにおいては，発電機，変圧器，送電線，…などをこのように接続する。

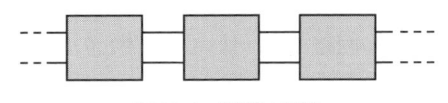

**図11.1　実際の接続**

　複雑な構造の回路であっても，いつも同じ形で使うのなら，一定の部分は図のように箱の中にしまい込んでおき，外側から見た特性だけを考えたほうが簡単である。それが暗箱（ブラックボックス）という考えで，箱の中のことは考えずに，箱の外側から見た特性を考える。

　「暗箱」の考え方は，複雑なシステムを扱うときに役に立つ。前に鳳-テブナンの定理による電源の書き換えを学んだが，これも暗箱の考えである。

**4端子網の条件**　　4端子網の計算法は，まさに暗箱の考え方である。図11.2のように4個の端子をもつ回路がつぎの条件を満足するとき，それを4端子網（したんしもう）という。

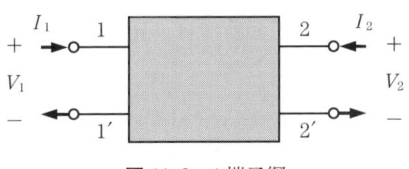

**図11.2　4端子網**

(a) 端子1から入った電流と同じ電流が端子1′から出て行き，端子2から入った電流と同じ電流が端子2′から出て行く（キルヒホッフの電流則があるから，上の二つの条件のうち一方が成立すれば，他方は自動的に成立する）。

(b) 1および2側の端子電圧，電流，すなわち $V_1$, $I_1$, $V_2$, $I_2$ だけに関心がある。

条件についてもう少し説明すると，条件（a）は，図11.1のような使い方を想定している。この場合には，端子1から入った電流は，必ず端子1′に戻ってくる。条件（b）は，例えば端子1と端子2の間の電圧は，問題にしないという意味である。実際の応用，例えばフィルタの動作では，1と1′間の電圧がいくらで，2と2′間の電圧がいくらかが問題であり，そのほかの端子間の電圧は気にしない。

同じ回路でも，使い方や関心の向け方によっては4端子網になったり，ならなかったりする。上の二つの条件には，よく注意をしてほしい[†]。なおどちら側でも，電圧の＋，－を付けると，電流は＋端子から流れ込む向きにとる。これには例外があるが，そのときに説明する。

## 11.2 4端子網の表現

相互インダクタや変圧器の式を見ると，4個の量 $V_1$, $I_1$, $V_2$, $I_2$ の間に2個の条件式が存在し，それが4端子網の性質を表している。一般に4端子網では2個の式が存在し，その性質を表現する。

実際，4端子網の両側に電圧源 $V_1$, $V_2$ を接続すれば，電流 $I_1$, $I_2$ が決まるはずだから，$I_1$, $I_2$ を $V_1$, $V_2$ で表す式ができるはずである（この場合，$V_1$, $V_2$ が独立変数，$I_1$, $I_2$ が従属変数だという）。以下この章では，正弦波交流で

---

[†] これらの条件は，4個の端子が，1と1′，2と2′というように，それぞれ2個がペアとして動作することを意味する。そのことを強調するために，4端子網でなく2端子対網という人も多い。

考える(直流でも同じ)。

**例題 11.1** 図 11.3 の回路を 4 端子網として表現する式を求めよ。$Y$ はアドミタンスである(この形を $\pi$ 形という)。

**【解答】** 上の説明のように，$\dot{V}_1$，$\dot{V}_2$ を独立変数だと考え，両側に電圧源を接続して $\dot{I}_1$，$\dot{I}_2$ を求めればよい。しかしこの場合には，$\dot{V}_1$，$\dot{V}_2$ が未知数であるかのように思って節点方程式を作ると，つぎのようになる。

図 11.3

$$\begin{array}{l}(Y_a+Y_c)\dot{V}_1 \quad -Y_c\dot{V}_2=\dot{I}_1 \\ -Y_c\dot{V}_1+(Y_b+Y_c)\dot{V}_2=\dot{I}_2\end{array} \quad (11.1)$$

これで $\dot{V}_1$，$\dot{V}_2$ を独立変数として $\dot{I}_1$，$\dot{I}_2$ を求める式になっている。◆

**注意** 結局何でもよいから 2 個の式を作り，それを整理すればよい。

式が 2 個あるのだから，4 個の変数 $\dot{V}_1$，$\dot{V}_2$，$\dot{I}_1$，$\dot{I}_2$ のうちの 2 個を残りの 2 個で表す式ができる。4 個のうちのどれを独立変数として選ぶかによって，$_4C_2=6$ 通りの式ができる。もちろん回路の構造によっては，どれかの式が作れない場合もある。例えば図 11.4 では，$\dot{V}_1=\dot{V}_2$ だから，$\dot{V}_1$，$\dot{V}_2$ を独立変数として自由に設定することはできない。

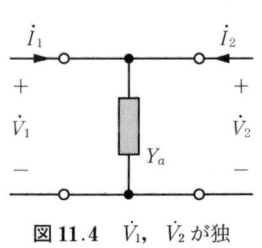

図 11.4 $\dot{V}_1$，$\dot{V}_2$ が独立でない例

式 (11.1) のような表現では，係数を行列の形に書くことが多い。行列を使えば，式 (11.1) はつぎのように書ける[†]。

---

[†] 行列の乗算は，前の行列の各行と要素と後の行列の列の要素を 1 個ずつ乗算して，足し合わせればよい(下の例)。乗算の順序を変えることはできない。除算以外の計算は，普通の数の計算と同じにようにしてよい。

$$\begin{bmatrix} 1 & 2 \\ 3 & 4 \end{bmatrix}\begin{bmatrix} 4 & 3 \\ 2 & 1 \end{bmatrix}=\begin{bmatrix} 8 & 5 \\ 20 & 13 \end{bmatrix} \quad (11.2)$$

$$\begin{bmatrix} Y_a+Y_c & -Y_c \\ -Y_c & Y_b+Y_c \end{bmatrix} \begin{bmatrix} \dot{V}_1 \\ \dot{V}_2 \end{bmatrix} = \begin{bmatrix} \dot{I}_1 \\ \dot{I}_2 \end{bmatrix} \tag{11.3}$$

行列をそれぞれ一つの記号で表せば，式（11.3）はつぎのように書ける．

$$Y\dot{V} = \dot{I} \tag{11.4}$$

形式上は，これは 2 端子素子のオームの法則にほかならない．行列を使うとすべての表現がわかりやすくなる．まだ勉強していない人は，この際ぜひ行列の勉強をしてほしい．

## 11.3　$Y$, $Z$, $F$ 行列

4 端子網の性質を式（11.1）あるいは式（11.3）のように表すとき，なにを独立変数にするかによって 6 通りの表現ができる．しかしその中でよく使われるのは，以下の三つである．

**$Y$, $Z$ 行列**　　両側の電流を電圧で表すのが $Y$ 行列，両側の電圧を電流で表すのが $Z$ 行列である．それぞれつぎの形になる．

$$\begin{bmatrix} Y_{11} & Y_{12} \\ Y_{21} & Y_{22} \end{bmatrix} \begin{bmatrix} \dot{V}_1 \\ \dot{V}_2 \end{bmatrix} = \begin{bmatrix} \dot{I}_1 \\ \dot{I}_2 \end{bmatrix} \tag{11.5}$$

$$\begin{bmatrix} Z_{11} & Z_{12} \\ Z_{21} & Z_{22} \end{bmatrix} \begin{bmatrix} \dot{I}_1 \\ \dot{I}_2 \end{bmatrix} = \begin{bmatrix} \dot{V}_1 \\ \dot{V}_2 \end{bmatrix} \tag{11.6}$$

これらの表現の左端の行列が，4 端子網の性質を表す．式（11.5）左端の行列が $Y$ 行列，式（11.6）左端の行列が $Z$ 行列である．例題 11.1 では $Y$ 行列を求めた．単位は行列によってさまざまになるから注意してほしい．

---

**例題 11.2**　　図 11.5 の 4 端子網について，$Z$ 行列を求めよ（この構造を T 形という）．

---

【解答】　　図のように電流を想定し，閉路方程式と同じように考えると，次式が得られる．

$$(Z_a+Z_c)\dot{I}_1 + Z_c\dot{I}_2 = \dot{V}_1$$
$$Z_c\dot{I}_1 + (Z_b+Z_c)\dot{I}_2 = \dot{V}_2 \tag{11.7}$$

すなわち $Z$ 行列はつぎのようになる。

$$Z = \begin{bmatrix} Z_a+Z_c & Z_c \\ Z_c & Z_b+Z_c \end{bmatrix} \tag{11.8}$$

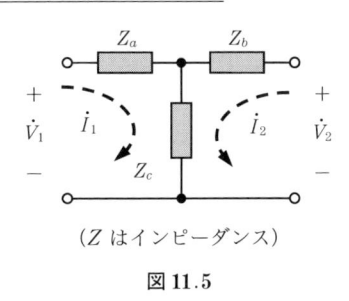

($Z$ はインピーダンス)

図 11.5

**$F$ 行列** 4端子網についてもう一つよく使われる表現がある。それは $\dot{V}_2$, $\dot{I}_2$ を用いて $\dot{V}_1$, $\dot{I}_1$ を表す式である。ただこの場合には $\dot{I}_2$ ではなく，逆向きに電流をとる(図11.6)。つまりどちら側でも，＋の端子を右に向かって流れる向きに電流を設定する。1側はいままでと同じだが，2側は逆になる。2側での右向きの電流を，$\dot{I}_2'\ (=-\dot{I}_2)$ と書くことにする[†]。

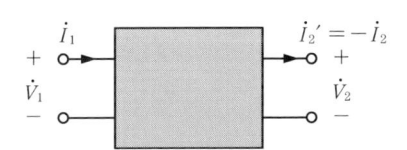

図11.6 $F$ 行列の電圧・電流

$F$ 行列による表現は，つぎの形になる。習慣上，行列の要素を $a \sim d$ と書くことになっている。$C$ はキャパシタンスと同じ文字になるので，間違えないでほしい。

$$\begin{bmatrix} a & b \\ c & d \end{bmatrix} \begin{bmatrix} \dot{V}_2 \\ \dot{I}_2' \end{bmatrix} = \begin{bmatrix} \dot{V}_1 \\ \dot{I}_1 \end{bmatrix} \tag{11.9}$$

**例題 11.3** 図 11.7 の回路の $F$ 行列を求めよ。

【解答】 適当に二つ式を作って整理してもよい。しかし回路が簡単なときは，$\dot{V}_2$, $\dot{I}_2'$ が与えられたものとして，2 側から計算を始めてもよい。い

---

[†] これは不自然な設定のように見えるかもしれないが，そうではない。図11.1のような形の応用を考えるとき，この定義によれば左隣りの4端子網から流れ出た電流が，そのまま右隣りの4端子網に流れ込む。こうすれば符号を変えずに計算が続けられる。

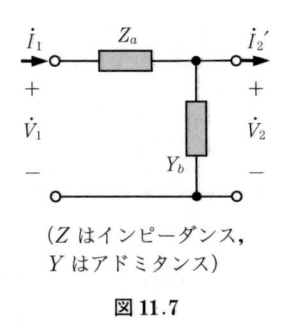

(図11.7)

(Zはインピーダンス, Yはアドミタンス)

**図 11.7**

まの場合 $Y_b$ を流れる電流は $Y_b\dot{V}_2$ となる。これを $\dot{I}_2'$ に加えると $\dot{I}_1$ になる。そして $\dot{V}_2$ に $Z_a$ に生じる電圧 $Z_a\dot{I}_1$ を加えると $\dot{V}_1$ になる。

結局つぎのようになる。

$$\dot{I}_1 = \dot{I}_2' + Y_b\dot{V}_2 \tag{11.10}$$

$$\dot{V}_1 = \dot{V}_2 + Z_a\dot{I}_1 = (1+Z_aY_b)\dot{V}_2 + Z_a\dot{I}_2' \tag{11.11}$$

式や項の順序を式 (11.9) に従って並べ直すと, $F$ 行列はつぎのように与えられる。

$$F = \begin{bmatrix} 1+Z_aY_b & Z_a \\ Y_b & 1 \end{bmatrix} \tag{11.12}$$

◆

## 11.4 相 反 性

4端子網の性質は, $2\times 2$ の行列, つまり4個の定数で表現される。しかし相反性が成立すると, 4個の定数は独立ではない。簡単な場合として $Y$ 行列を考えよう。相反性は, 例えば**図 11.8** のように二つの場合を考えることによって規定される。

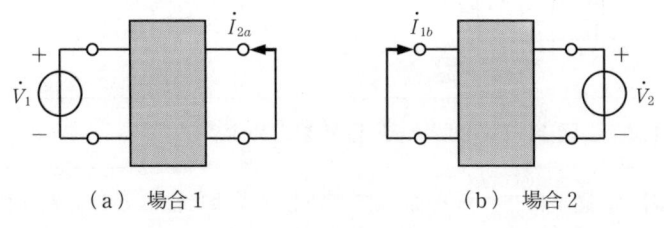

(a) 場合1　　　(b) 場合2

**図 11.8 相 反 性**

**相 反 性** (a) 第1の場合として, 1側に電圧源 $\dot{V}_1=1\mathrm{V}$ を接続し, 2側を短絡して電流 $\dot{I}_{2a}$ を求める。(b) 第2の場合として, 2側に電圧源 $\dot{V}_2=1\mathrm{V}$ を接続し, 1側を短絡して電流 $\dot{I}_{1b}$ を求める (ここで1側と2側がまった

## 11.4 相反性

く対等に扱われることが必要である）。もし $\dot{I}_{2a} = \dot{I}_{1b}$ であれば，この回路は相反であるという。この性質については5章でも学んだ。ここまでに学んだ範囲の回路では，相反性が成立する。

**Y 行列の表現**

$$\begin{aligned} Y_{11}\dot{V}_1 + Y_{12}\dot{V}_2 &= \dot{I}_1 \\ Y_{21}\dot{V}_1 + Y_{22}\dot{V}_2 &= \dot{I}_2 \end{aligned} \tag{11.13}$$

に，上の場合を当てはめる。（a）の場合には第2式から

$$\dot{I}_{2a} = Y_{21} \tag{11.14}$$

（b）の場合には第1式から

$$\dot{I}_{1b} = Y_{12} \tag{11.15}$$

となる。条件 $\dot{I}_{2a} = \dot{I}_{1b}$ は，$Y_{21} = Y_{12}$ を意味することがわかる。

Z 行列についても，同じような議論ができ，相反性の条件は $Z_{21} = Z_{12}$ であることが導かれる。つまりこの二つの行列については，式 (11.16) のように，左上から右下に引いた対角線に関して対称な位置にある要素が等しいという性質がある。

$$\begin{bmatrix} & & \\ & & \\ \end{bmatrix} \tag{11.16}$$

これを対称行列という。この二つの行列については，「相反性＝対称行列」である。

それでは F 行列についてはどうだろうか。図 11.8 の二つの場合について，F 行列を用いて計算する。つぎの基本式から出発する。

$$\begin{aligned} a\dot{V}_2 + b\dot{I}_2' &= \dot{V}_1 \\ c\dot{V}_2 + d\dot{I}_2' &= \dot{I}_1 \end{aligned} \tag{11.17}$$

第1の場合については，第1式からただちに $\dot{I}_{2a}' = 1/b$ となる。第2の場合については，第1式から $a + b\dot{I}_{2b}' = 0$，第2式から $c + d\dot{I}_{2b}' = \dot{I}_{1b}$ となる。この2式から，$\dot{I}_{1b} = c - (ad/b)$ となる。

1側と2側が対等であるように，電流として $\dot{I}_{2a}'$ でなく，＋端子から流れ込む電流を考える。結局

$$-\frac{1}{b} = c - \frac{ad}{b} \quad \therefore \quad ad - bc = 1 \tag{11.18}$$

が，相反性を表すことになる．例題 11.3 の結果について，式 (11.18) が成立することを確かめてほしい．

## 11.5 その他の行列

**$H$, $G$ 行列** 4端子網の表現には6通りある．そのうちの3通りについてはすでに学んだ．他の表現は，それほどは現れない．残りのうちの二つは，$\dot{I}_1$, $\dot{V}_2$ を独立変数とする表現，$\dot{V}_1$, $\dot{I}_2$ を独立変数とする表現である．これらはそれぞれ $H$ 行列, $G$ 行列と呼ばれる．以下の式になる．

$$\begin{bmatrix} H_{11} & H_{12} \\ H_{21} & H_{22} \end{bmatrix} \begin{bmatrix} \dot{I}_1 \\ \dot{V}_2 \end{bmatrix} = \begin{bmatrix} \dot{V}_1 \\ \dot{I}_2 \end{bmatrix} \tag{11.19}$$

$$\begin{bmatrix} G_{11} & G_{12} \\ G_{21} & G_{22} \end{bmatrix} \begin{bmatrix} \dot{V}_1 \\ \dot{I}_2 \end{bmatrix} = \begin{bmatrix} \dot{I}_1 \\ \dot{V}_2 \end{bmatrix} \tag{11.20}$$

**$F'$ 行列** 最後の一つ（$F'$ 行列）は，$\dot{I}_1$, $\dot{V}_1$ を独立変数とする表現である．この行列は，図 11.6 を左右反転させたときの $F$ 行列である．電流の向きについては，電圧 $\dot{V}_2$ と電流 $\dot{I}_2$ を，電圧 $\dot{V}_1$ と電流 $-\dot{I}_1$ で表せばよいことがわかる．つまり反転前の $F$ 行列の表現

$$\begin{aligned} a\dot{V}_2 + b\dot{I}_2' &= \dot{V}_1 \\ c\dot{V}_2 + d\dot{I}_2' &= \dot{I}_1 \end{aligned} \tag{11.21}$$

から $\dot{V}_2$, $\dot{I}_2$ ($=-\dot{I}_2'$) を求めればよい．

式 (11.21) を解くと，つぎのようになる．

$$\begin{aligned} \dot{V}_2 &= \frac{d\dot{V}_1 - b\dot{I}_1}{ad - bc} \\ \dot{I}_2 &= \frac{c\dot{V}_1 - a\dot{I}_1}{ad - bc} \end{aligned} \tag{11.22}$$

これが求める行列を与える．しかし回路が相反性であると，式 (11.18) が成立するから，式 (11.22) の分母は書かなくてもよい．結局

$$F' = \begin{bmatrix} d & b \\ c & a \end{bmatrix} \tag{11.23}$$

となり，単に $a$ と $d$ が入れ替わるだけである。さらに回路が左右対称な構造をしているときには，$F$ 行列と $F'$ 行列を比べると $a=d$ であることがわかり，簡単になる。

## 11.6 4端子網の計算

4端子網といっても特別な計算法があるわけではなく，回路方程式を解けばよい。しかし回路の構造によっては，簡単に計算ができることもある。

---

**例題 11.4** 図 11.9（a）の4端子網の $Y$ 行列を求めよ（この形を橋絡T形という）。

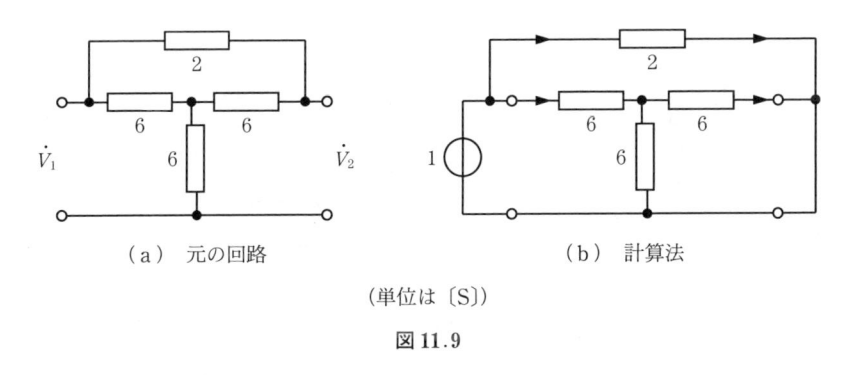

（a） 元の回路　　　（b） 計算法

（単位は〔S〕）

**図 11.9**

---

【**解答**】　4端子網の定数を求める簡単な方法は，独立変数の一つを0とおくことである。基本式

$$\begin{aligned} Y_{11}\dot{V}_1 + Y_{12}\dot{V}_2 &= \dot{I}_1 \\ Y_{21}\dot{V}_1 + Y_{22}\dot{V}_2 &= \dot{I}_2 \end{aligned} \tag{11.24}$$

において $\dot{V}_2=0$ とおく。これは 2 側を短絡したことになる。$\dot{V}_1$ は例えば 1 V とおく。このとき回路は図（b）のように上下二つの部分に分けて考えるこ

とができる。

下側の回路については，並列，直列で計算すると，1側の電流は 4 A，2 側の電流は 2 A となる。上側の回路は 2 S だけだから，1 側の電流も 2 側の電流も 2 A である。これらを合計して 1 側の電流は 6 A，2 側の電流は 4 A となる。

式 (11.24) と見比べると，2 側の電流が逆向きになることに注意して，

$$Y_{11}=6, \quad Y_{21}=-4 \tag{11.25}$$

となる。$V_1=0$，$V_2=1$ として同様の計算をすれば，

$$Y_{12}=-4, \quad Y_{22}=6 \tag{11.26}$$

となる。あるいは回路が左右対称であることに気がつけば，式 (11.26) はただちに得られる。　◆

**例題 11.5**　図 11.10（a）の 4 端子網の $F$ 行列を求めよ。

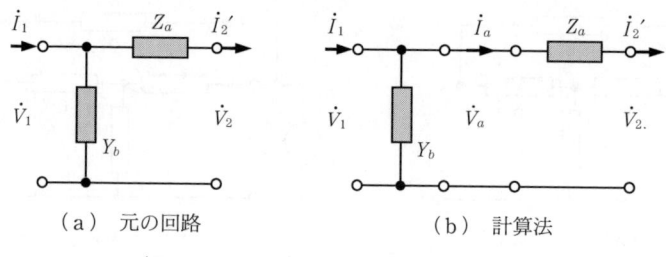

(a) 元の回路

(b) 計算法

（$Z$ はインピーダンス，$Y$ はアドミタンス）

図 11.10

**【解答】**　回路を図（b）のように二つの 4 端子網に分解する。それぞれの $F$ 行列は容易に得られる。接続点の電圧，電流をそれぞれ $\dot{V}_a$，$\dot{I}_a$ とすると，次式が成立する。

$$\begin{bmatrix} \dot{V}_1 \\ \dot{I}_1 \end{bmatrix} = \begin{bmatrix} 1 & 0 \\ Y_b & 1 \end{bmatrix} \begin{bmatrix} \dot{V}_a \\ \dot{I}_a \end{bmatrix} \tag{11.27}$$

$$\begin{bmatrix} \dot{V}_a \\ \dot{I}_a \end{bmatrix} = \begin{bmatrix} 1 & Z_a \\ 0 & 1 \end{bmatrix} \begin{bmatrix} \dot{V}_2 \\ \dot{I}_2' \end{bmatrix} \tag{11.28}$$

行列のまま式 (11.28) を (11.27) に代入して，行列の乗算をすると

$$\begin{bmatrix} \dot{V}_1 \\ \dot{I}_1 \end{bmatrix} = \begin{bmatrix} 1 & 0 \\ Y_b & 1 \end{bmatrix} \begin{bmatrix} 1 & Z_a \\ 0 & 1 \end{bmatrix} \begin{bmatrix} \dot{V}_2 \\ \dot{I}_2' \end{bmatrix}$$

$$= \begin{bmatrix} 1 & Z_a \\ Y_b & 1+Z_a Y_b \end{bmatrix} \begin{bmatrix} \dot{V}_2 \\ \dot{I}_2' \end{bmatrix} \quad (11.29)$$

これが求める $F$ 行列である。直接に図（a）について計算し，同じ結果になることを確かめてほしい。　◆

**4端子網の接続**　上の例題のように，行列によって4端子網を表現すると，4端子網を接続したときに見通しよく計算ができる。

ほかの例として**図11.11**のように二つの4端子網を接続すると，電圧が共通で電流が和になるから，式 (11.4) の形の式の和を作ると，全体としての $Y$ 行列は

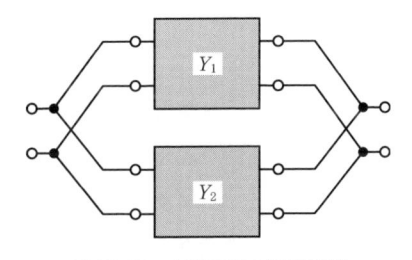

**図11.11**　4端子網の並列接続

$$Y = Y_1 + Y_2 \quad (11.30)$$

となる（4端子網の並列接続という）。例題 11.4 もこの形になっている。

同様に，$Z$ 行列が和になる接続（直列接続）や，$H$ 行列，$G$ 行列が和になる接続を考えることができる。ただし接続した結果において，個々の4端子網が4端子網としての条件（11.1節の条件（a））を満足しているかどうかに，注意しなければならない。

## 演 習 問 題

（1）　4端子網の特性が $F$ 行列で与えられているとき，それを $Z$ 行列に変換する式を導け。

（2）　**図11.12** の4端子網の行列を求めよ。

図11.12 （単位は〔Ω〕）

図11.13

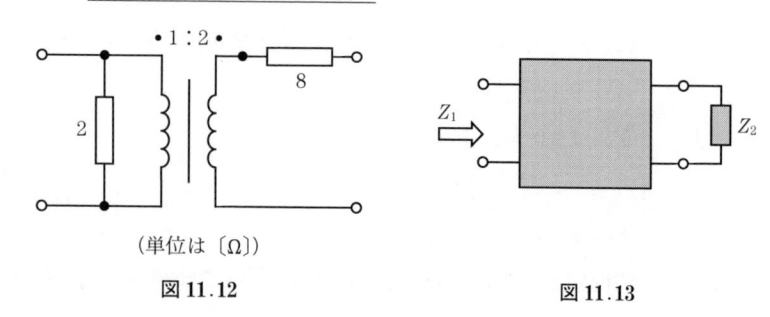

(3) 図11.13で4端子網が$Z$行列で表されている。2側にインピーダンス$Z_2$を接続すると，1側から見たインピーダンス$Z_1$はいくらになるか。

(4) 前問で$\dot{I}_1$と$\dot{I}_2$の比はどのようになるか。鳳-テブナンの定理を用いると，それはどのように解釈されるか。

(5) 変圧器を表現したい。$Y$, $Z$, $F$行列のうちのどれが可能か。

(6) 相互インダクタを$Z$行列で表すとどうなるか。それを$Y$行列に変換せよ。密結合になるとどのようなことが起きるか。それはどのように解釈されるか。

(7) 図11.14の二つの回路は，内部構造が違うが，$Z$行列は同じである。しかしこの二つは，外部からの測定で区別することができる。なぜこのようなことが起きるのかを説明せよ。

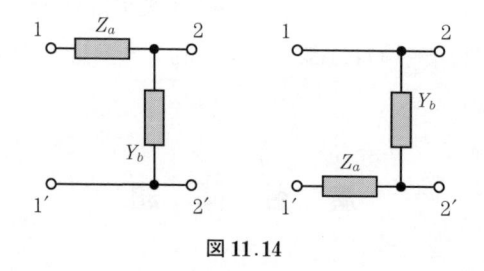

図11.14

(8) 4端子網が$H$行列で表されているとき，相反性の条件はどのような形になるか。

# 12 電圧・電流の変換

## 12.1 対称分と反対称分

ここまでは，回路の状態を一つ一つの素子の電圧，電流によって表現してきた．それらは計器を使って実際に測定できる量であり，回路の状態を正確に表現するものである．しかし場合によっては，別の変数を用いて回路の動作を考えると便利なことがある．

回路に対象性があるときには，それを利用するとよい．**図 12.1** のように二つの正弦波電圧 $\dot{V}_1$，$\dot{V}_2$ がある．それらは任意の値でよいのだが，特別に両者が等しいとき（$\dot{V}_1 = \dot{V}_2$，対称という），あるいは符号が逆で大きさが等しいとき（$\dot{V}_1 = -\dot{V}_2$，反対称という）を考える．

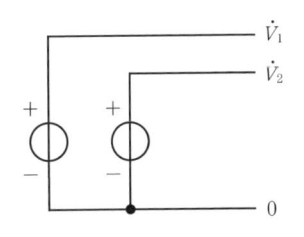

**図 12.1** 二つの電圧

**対称分，反対称分**　　いま $\dot{V}_1$，$\dot{V}_2$ が任意の値であるとき

$$\dot{V}_S = \frac{\dot{V}_1 + \dot{V}_2}{2}, \qquad \dot{V}_A = \frac{\dot{V}_1 - \dot{V}_2}{2} \tag{12.1}$$

とおく．特に対称な場合には，$\dot{V}_S$ があって，$\dot{V}_A$ は 0，反対称な場合にはその逆になる．つまり $\dot{V}_S$ と $\dot{V}_A$ のどちらかだけを考えればよい．

$\dot{V}_S$，$\dot{V}_A$ を用いると，一般に $\dot{V}_1$，$\dot{V}_2$ はつぎのように表される．

$$\dot{V}_1 = \dot{V}_S + \dot{V}_A, \qquad \dot{V}_2 = \dot{V}_S - \dot{V}_A \tag{12.2}$$

$\dot{V}_S$ を $\dot{V}_1$，$\dot{V}_2$ の対称分，$\dot{V}_A$ を反対称分という．

重ね合わせの原理によって，電圧が対称な場合，反対称な場合についてそれぞれ回路の状態を調べ，結果を足し合わせればよい。回路が対称な構造をしているときには，この分解は便利である。

**例題 12.1** 図 12.2（a）のように電源に負荷が接続されている。各導線を流れる電流を求めよ。

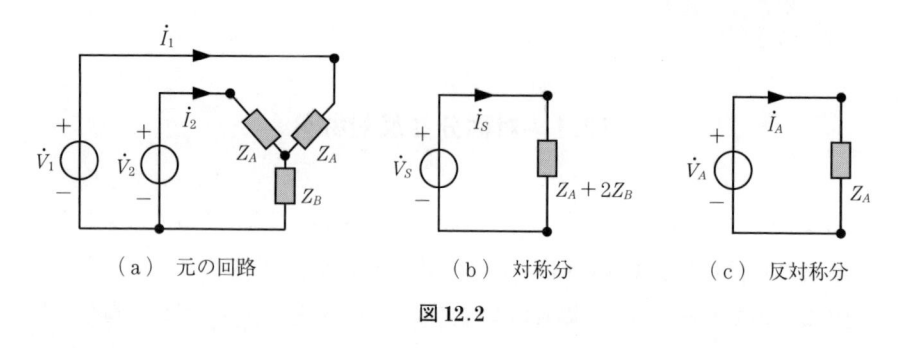

（a）元の回路　　　（b）対称分　　　（c）反対称分

図 12.2

【解答】　$\dot{V}_1$, $\dot{V}_2$ を対称分と反対称分に分けて，別々に考察する。1 側と 2 側がまったく対等だから，電圧が対称分だけのときには電流も対称分だけ，電圧が反対称分だけのときには電流も反対称分だけになる。

電圧が対称分だけのときは，1 側と 2 側を流れる電流は等しい。これを $\dot{I}_S$ とすると，$Z_A$ に流れる電流は $\dot{I}_S$, $Z_B$ に流れる電流は $2\dot{I}_S$ となる。つまり $Z_B$ に生じる電圧は $Z_B \cdot 2\dot{I}_S$ である。これは電流が $\dot{I}_S$ でインピーダンスが $2Z_B$ だと考えても同じである。結局対称分については，図（b）の等価回路を考えればよい。

電圧が反対称分だけのときは，1 側を流れる電流を $\dot{I}_A$ とすると，2 側を流れる電流は $-\dot{I}_A$ となる。$Z_B$ を流れる電流は 0，したがって電圧も 0 である。結局図（c）の回路を考えればよい。

以上によって，電流の対称分，反対称分がつぎのように得られる。

$$\dot{I}_S = \frac{\dot{V}_S}{Z_A + 2Z_B}, \qquad \dot{I}_A = \frac{\dot{V}_A}{Z_A} \tag{12.3}$$

これを用いて，各導線を流れる電流は，つぎのようになる。

$$\dot{I}_1 = \dot{I}_S + \dot{I}_A, \qquad \dot{I}_2 = \dot{I}_S - \dot{I}_A \tag{12.4}$$

## 12.2 3 相 交 流

3相交流は，電力を発生して送るのに便利であり，送電システムではごく普通に用いられる。送電線は3本でも，大地（電位0の点）との関係を考えるので，実質上は4本の導線で動作している（**図12.3**）。

**正相と逆相** 3相交流システムでは，3本の線の電圧が0電位に対して対称な振幅と位相をもつように設計されている。すなわち**図12.4**のように，振幅は等しく，位相がたがいに120°異なるのが，電圧の基本形である。

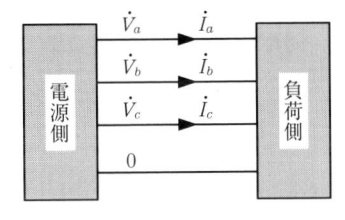

**図12.3** 3相交流

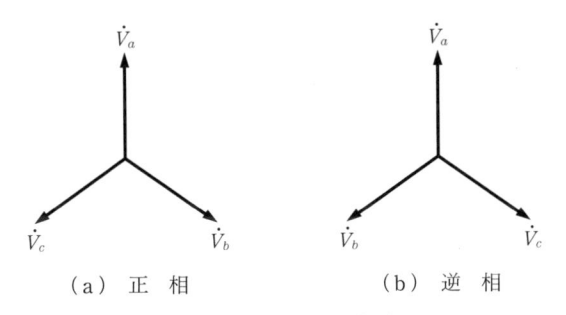

(a) 正 相　　　(b) 逆 相

**図12.4** 対称3相交流

電圧の位相がたがいに120°異なるといっても，図（a），（b）の二つの場合がある。つまり位相がa，b，cの順序になっている場合と，a，c，bの順序になっている場合がある。前者（図（a））を正相対称3相交流，後者（図（b））を逆相対称3相交流と呼んでいる。

**定 数 $a$** ここで約束事として，つぎの定数を用いる。

$$a = e^{j120°} \tag{12.5}$$

$a$ にはつぎの性質がある。

$$a^3=1, \qquad a^2+a+1=0 \tag{12.6}$$

ベクトルに $a$ を掛けると，振幅が変わらずに位相が 120° 進むから，対称 3 相交流の三つのベクトルは，つぎのように書ける。

（a）正相 　$\dot{V}_a, \qquad \dot{V}_b=a^2\dot{V}_a, \qquad \dot{V}_c=a\dot{V}_a$ 　　　　(12.7)

（b）逆相 　$\dot{V}_a, \qquad \dot{V}_b=a\dot{V}_a, \qquad \dot{V}_c=a^2\dot{V}_a$ 　　　　(12.8)

電流についても同様である。

**対称座標法** 一般に対称ではない三つの電圧 $\dot{V}_a, \dot{V}_b, \dot{V}_c$ が与えられたとき，それをつぎのように分解することができる。

$$\begin{aligned}\dot{V}_a &= \dot{V}_0 + \dot{V}_1 + \dot{V}_2 \\ \dot{V}_b &= \dot{V}_0 + a^2\dot{V}_1 + a\dot{V}_2 \\ \dot{V}_c &= \dot{V}_0 + a\dot{V}_1 + a^2\dot{V}_2\end{aligned} \tag{12.9}$$

$\dot{V}_0$ は三つの電圧の共通分，$\dot{V}_1$ は正相の成分，$\dot{V}_2$ は逆相の成分である。これらをそれぞれ零相分，正相分，逆相分という。

$\dot{V}_a, \dot{V}_b, \dot{V}_c$ が与えられたとき，$\dot{V}_0, \dot{V}_1, \dot{V}_2$ は，式 (12.6) を利用して，つぎのように求められる（計算してほしい）。

$$\begin{aligned}\dot{V}_0 &= \frac{\dot{V}_a+\dot{V}_b+\dot{V}_c}{3} \\ \dot{V}_1 &= \frac{\dot{V}_a+a\dot{V}_b+a^2\dot{V}_c}{3} \\ \dot{V}_2 &= \frac{\dot{V}_a+a^2\dot{V}_b+a\dot{V}_c}{3}\end{aligned} \tag{12.10}$$

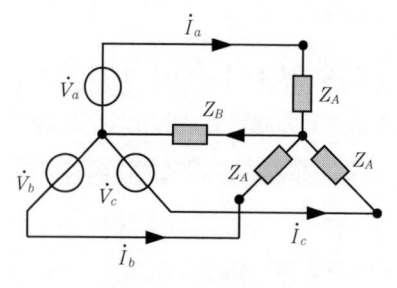

**図 12.5** 3 相交流回路

例題 12.1 と同じように，**図 12.5** のように負荷側が対称な構造であるときには，電圧が対称でなくても式 (12.9) のように分解すると考えやすい。負荷が対称な構造であれば，電圧が正相（または逆相）対称 3 相交流であるときには，負荷を流れる電流も正

相（または逆相）対称3相交流であり，電源が零相のときは，電流も零相である。電圧を三つの成分に分解して，それぞれに対する電流の成分を求め，合計すれば各線の電流になる。

　零相分に対しては，各線から同じ電流が流れ込むから，等価回路は図 12.6 (a) のようになる。また対称3相交流成分に対しては，正相でも逆相でも電流の和は0になるから，等価回路は図 (b) のようになる。それぞれに対して電流を求め，式 (12.9) の形を電流について用いれば，各線の電流が求められる。このような計算法は，3相交流のシステムで広く用いられており，対称座標法と呼ばれる。

(a) 零相分　　　(b) 正相分（逆相分も同じ）

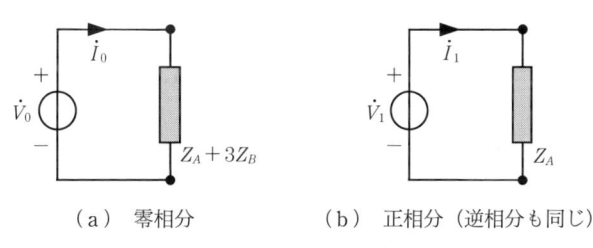

図 12.6　等価回路

## 12.3　3端子網と不定 $Y$ 行列

**3端子網**　電源を内部に含まない回路が，図 12.7 のように3個の端子をもち，回路の他の部分と3本の線で接続されていることがよくある。4端子網で下側の端子間を導線で接続してあると，そのようになる（共通帰線という）し，3相交流の負荷側で接地線がなければ，やはりそうである。3個の端子をもつ回路を3端子網という。これには4端子網の場合のような条件は付かない。

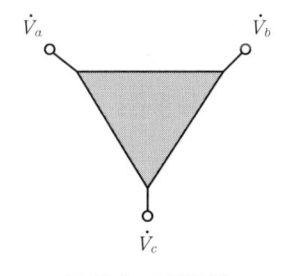

図 12.7　3端子網

**不定 $Y$ 行列**　3端子網の端子を平等に扱うこととし，端子電位をそれぞれ $\dot{V}_a$, $\dot{V}_b$, $\dot{V}_c$ とする。端子から回路に流れ込む電流 $\dot{I}_a$, $\dot{I}_b$, $\dot{I}_c$ は，それぞれ

れ $\dot{V}_a$, $\dot{V}_b$, $\dot{V}_c$ の 1 次式になるはずだから，つぎのようにおく。

$$\dot{I}_a = Y_{aa}\dot{V}_a + Y_{ab}\dot{V}_b + Y_{ac}\dot{V}_c$$
$$\dot{I}_b = Y_{ba}\dot{V}_a + Y_{bb}\dot{V}_b + Y_{bc}\dot{V}_c \quad (12.11)$$
$$\dot{I}_c = Y_{ca}\dot{V}_a + Y_{cb}\dot{V}_b + Y_{cc}\dot{V}_c$$

この係数行列

$$Y_0 = \begin{bmatrix} Y_{aa} & Y_{ab} & Y_{ac} \\ Y_{ba} & Y_{bb} & Y_{bc} \\ Y_{ca} & Y_{cb} & Y_{cc} \end{bmatrix} \quad (12.12)$$

を，この 3 端子網の不定 $Y$ 行列という。

しかしこの表現は冗長である。電位の基準は任意に定められるから，$\dot{V}_a$, $\dot{V}_b$, $\dot{V}_c$ の代わりに $\dot{V}_a + \dot{k}$, $\dot{V}_b + \dot{k}$, $\dot{V}_c + \dot{k}$（$\dot{k}$ は任意の定数）としても，電流の値は変わらない。式（12.11）にこれを適用すると，式（12.12）の各行の和（要素を横に足した和）が 0 になることがわかる。

また電流の和 $\dot{I}_a + \dot{I}_b + \dot{I}_c$ は，$\dot{V}_a$, $\dot{V}_b$, $\dot{V}_c$ がどのような値をとっても 0 でなければならない。これを式（12.12）に当てはめると，式（12.12）の各列の和（要素を縦に足した和）が 0 になることがわかる。

結局，不定 $Y$ 行列，式（12.12）では，要素を横に足しても縦に足しても和が 0 である。この性質を利用すれば，図 12.8（a）から（b）のように 4 端子網の基準点を変更したときに，簡単に計算ができる。

---

**例題 12.2** 図 12.8（a）を 4 端子網とみなしたとき，$Y$ 行列がつぎの形をしている。

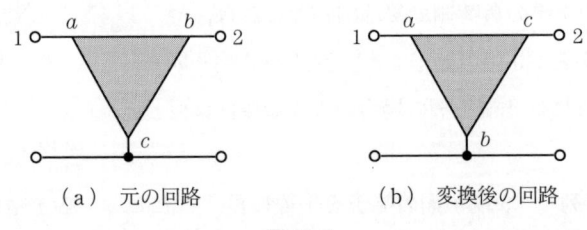

（a）元の回路　　　（b）変換後の回路

図 12.8

$$\begin{bmatrix} 3 & -1 \\ -1 & 5 \end{bmatrix} \tag{12.13}$$

この3端子を図（b）のように接続すると，$Y$ 行列はどうなるか．

【解答】　縦，横の和が0になるように不定 $Y$ 行列を作ると，つぎのようになる．

$$Y_0 = \begin{bmatrix} 3 & -1 & -2 \\ -1 & 5 & -4 \\ -2 & -4 & 6 \end{bmatrix} \tag{12.14}$$

図（b）では，$\dot{V}_b = 0$ とおき，$\dot{I}_a$ と $\dot{I}_c$ を求める式を作ればよい．つまり式 (12.14) で第2行，第2列を消し，$\dot{V}_a$，$\dot{I}_a$ をそれぞれ4端子網の $\dot{V}_1$，$\dot{I}_1$ とし，$\dot{V}_c$，$\dot{I}_c$ をそれぞれ $\dot{V}_2$，$\dot{I}_2$ とすればよい．結局図（b）の状態の $Y$ 行列は，つぎのようになる．

$$\begin{bmatrix} 3 & -2 \\ -2 & 6 \end{bmatrix} \tag{12.15}$$

◆

## 12.4　電圧・電流と波動

波動は空間の中をなにかが伝わって行く現象である．電気も本質的には電磁波であり，電圧も電流も本当は波として伝わっていく．しかしここまででは，暗黙のうちに素子や接続は充分小さいとして，大きさを考えていないから，波動を考える必要はない．

それでも波動を考えると便利な場合がある．図 12.9（a）のように，パイプの水の中を圧力波が伝わっていくとする．波は現地点でのパイプの性質はわかるが，先になにがあるかはわからない．とりあえず足元のパイプの性質に基づいて進む．しかし右端に到達すると，反射されて帰ってくる．そのような状況のときには，パイプでは右行きと左行きの波がすれ違う．

## 12. 電圧・電流の変換

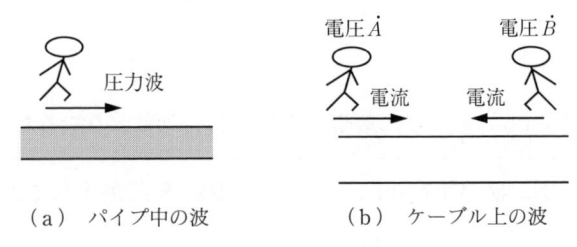

(a) パイプ中の波　　(b) ケーブル上の波

**図 12.9　波　動**

図（b）のような電気ケーブルに電圧が加わると，同じような波動が生じる。右行きの波を電圧 $\dot{A}$ で表し，左行きの波を電圧 $\dot{B}$ で表す（実効値とする）。それぞれの波は行先になにがあるかわからないから，とりあえずケーブルの性質（抵抗 $R$ で表されるとする）で決まる電流を流して進んでいく。

**入射波，反射波**　　電圧は水の場合には圧力に相当するから，二つの波があれば電圧は加算になるだろう。電流には向きがあり，二つの波の電流は減算になると考える。

するとケーブル上の 1 点での電圧，電流はつぎのように表される。

$$\dot{V} = \dot{A} + \dot{B}, \qquad \dot{I} = \frac{\dot{A}}{R} - \frac{\dot{B}}{R} \tag{12.16}$$

ここで電圧は上側の電線を＋，電流は上側の電線で右向きを＋としている[†1]。

電圧，電流が与えられると式 (12.16) から波 $\dot{A}$，$\dot{B}$ がつぎのように定まる。

$$\dot{A} = \frac{\dot{V} + R\dot{I}}{2}, \qquad \dot{B} = \frac{\dot{V} - R\dot{I}}{2} \tag{12.17}$$

式 (12.16)，(12.17) を用いれば，$\dot{V}$, $\dot{I}$ と $\dot{A}$, $\dot{B}$ は，相互に換算可能である。つまり回路の状態を，電圧 $\dot{V}$，電流 $\dot{I}$ で表す代わりに，波 $\dot{A}$, $\dot{B}$ で表してもよい。$\dot{A}$, $\dot{B}$ を，それぞれ入射波，反射波（の大きさ）という[†2]。

いまの場合，ケーブルはいくら短くてもよいのだから考えなくてもよい。定

---

[†1] 高級な理論では，$\dot{V} = \sqrt{R}(\dot{A}+\dot{B})$, $\dot{I} = (\dot{A}-\dot{B})/\sqrt{R}$ とすることがある。どちらの定義を用いているかに注意する必要がある。

[†2] 実際のケーブルを扱うときには，どちらを右行き，どちらを左行きにするかに迷うかもしれない。普通はケーブルの片側が電源側，他側が負荷側である。その場合には電源から出てくる波が入射波，負荷から戻ってくる波が反射波だとする。それ以外の場合には，適当に定義するしかない。

数 $R$ を指定することだけが必要である．以下では $R$ は任意に指定された正の定数とする（一度決めたら変えない．基準定数という）．

## 12.5　2端子素子の場合

**反射係数**　図 **12.10** の2端子素子のインピーダンスを $Z$ とすると

$$\dot{V} = Z\dot{I} \tag{12.18}$$

これが電圧・電流による表現だが，入射波 $\dot{A}$，反射波 $\dot{B}$ に変換しよう．式 (12.16) を式 (12.18) に代入して整理すると，入射波と反射波の比がつぎのように求まる（計算してみてほしい）．

$$s = \frac{\dot{B}}{\dot{A}} = \frac{Z-R}{Z+R} \tag{12.19}$$

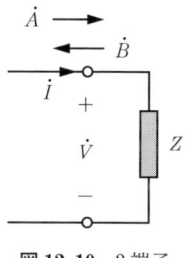

**図 12.10**　2 端子素子の場合

$s$ をこの2端子素子の反射係数という．例えば $s=0.3$ であると，左からやって来た波の一部（振幅にして 0.3 倍）が反射され，右へ戻っていくことになる．$R$ が与えられていれば，式 (12.19) によって $Z$ と $s$ はたがいに換算可能で，どちらを用いてもよい．

**電力の計算**　正弦波交流の場合について，2端子素子が受け取る有効電力を計算しよう．複素電力は（実効値を用いて）

$$\overline{\dot{V}}\dot{I} = \frac{(\overline{\dot{A}}+\overline{\dot{B}})(\dot{A}-\dot{B})}{R}$$

$$= \frac{|\dot{A}|^2 - |\dot{B}|^2 + (\dot{A}\overline{\dot{B}} - \overline{\dot{A}}\dot{B})}{R} \tag{12.20}$$

有効電力 $P$ はこの実部であるが，最後の式の（　）内は，共役複素数の差だから純虚数になる．したがって

$$P = \frac{|\dot{A}|^2 - |\dot{B}|^2}{R} \tag{12.21}$$

となり，入射波，反射波がそれぞれ抵抗 $R$ を基準にして電力を運んでいるのだと思えばよい．以上をまとめると，**図 12.11** のようになる．

164    12. 電圧・電流の変換

**図 12.11 波動の解釈**

**図 12.12 電力のやりとり**

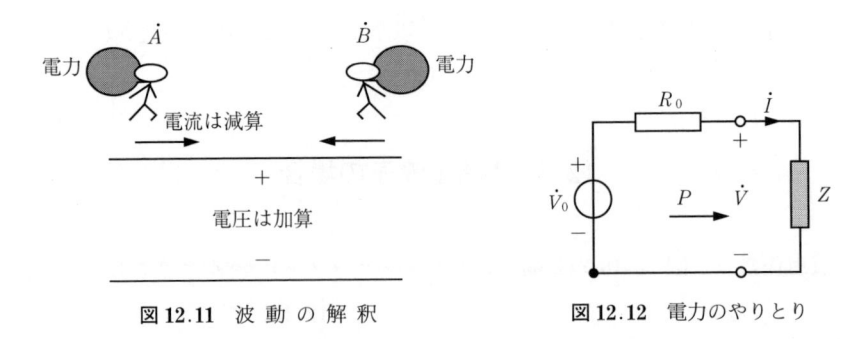

**有能電力との関係**　図 12.12 のように，電圧源 $\dot{V}_0$ と内部抵抗 $R_0$ からなる電源回路に，素子 $Z$ を接続する．内部抵抗 $R_0$ を基準定数に選んで，素子 $Z$ が受け取る電力 $P$ を計算してみる．

式 (12.17) から

$$\dot{A} = \frac{\dot{V} + R_0 \dot{I}}{2} = \frac{\dot{V}_0}{2} \tag{12.22}$$

したがって電力 $P$ はつぎのようになる．

$$P = \frac{1}{R_0} |\dot{A}|^2 (1 - |s|^2)$$

$$= \frac{|\dot{V}_0|^2}{4R_0} (1 - |s|^2) \tag{12.23}$$

ここで $|\dot{V}_0|^2/4R_0$ は，この電源回路が供給できる最大電力（有能電力）である．つまり電源回路は精一杯の電力を負荷に供給し，負荷は反射係数に相当する分を返すのだと解釈される．

## 12.6　S　行　列

12.5 節の考え方は，そのまま 4 端子網に拡張される．**図 12.13** の 4 端子網で，両側で基準定数 $R_1$, $R_2$ を設定し，入射波 $\dot{A}_1$, $\dot{A}_2$, 反射波 $\dot{B}_1$, $\dot{B}_2$ をそれぞれ考える．

電圧，電流と入射波，反射波の関係は，2 端子素子の場合と同じである．

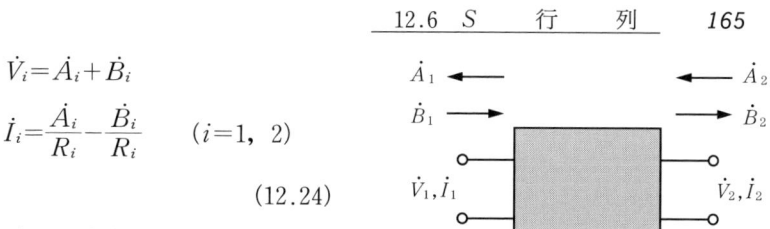

$$\dot{V}_i = \dot{A}_i + \dot{B}_i$$
$$\dot{I}_i = \frac{\dot{A}_i}{R_i} - \frac{\dot{B}_i}{R_i} \quad (i=1,\ 2)$$
(12.24)

逆に，電圧，電流が与えられると

$$\dot{A}_i = \frac{\dot{V}_i + R_i \dot{I}_i}{2}$$
$$\dot{B}_i = \frac{\dot{V}_i - R_i \dot{I}_i}{2} \quad (i=1,\ 2)$$
(12.25)

**図 12.13** 4 端子網と $S$ 行列

各側から入ってくる平均電力 $P_i$ も同じように計算される。

$$P_i = \frac{|\dot{A}_i|^2 - |\dot{B}_i|^2}{R_i} \quad (i=1,\ 2) \tag{12.26}$$

**S 行列** 4端子網では，電圧・電流の間に二つの式が成立する。式 (12.24) を使って電圧・電流を入射波・反射波で書き換え，整理するとつぎの形の式が得られる。

$$\begin{bmatrix} S_{11} & S_{12} \\ S_{21} & S_{22} \end{bmatrix} \begin{bmatrix} \dot{A}_1 \\ \dot{A}_2 \end{bmatrix} = \begin{bmatrix} \dot{B}_1 \\ \dot{B}_2 \end{bmatrix} \tag{12.27}$$

この左端の行列は，反射係数の拡張になっており，$S$ 行列と呼ばれる。$Y$ や $Z$ などほかの行列とは違い，ここまでの範囲の回路では，$R_1$, $R_2$ を適切に設定すれば，$S$ 行列が必ず存在する。

---

**例題 12.3** 巻数 $1:2$ の変圧器について，基準定数をともに $1\,\Omega$ として，$S$ 行列を求めよ。

---

【**解答**】 変圧器の式は

$$\dot{V}_1 = \frac{\dot{V}_2}{2}, \qquad \dot{I}_1 + 2\dot{I}_2 = 0 \tag{12.28}$$

式 (12.24) で $R_i = 1$ として代入し

$$\dot{A}_1 + \dot{B}_1 = \frac{\dot{A}_2 + \dot{B}_2}{2}$$

$$\dot{A}_1 - \dot{B}_1 + 2(\dot{A}_2 - \dot{B}_2) = 0 \tag{12.29}$$

これを $\dot{B}_1$, $\dot{B}_2$ について解くと

$$\dot{B}_1 = \frac{-3\dot{A}_1 + 4\dot{A}_2}{5}$$

$$\dot{B}_2 = \frac{4\dot{A}_1 + 3\dot{A}_2}{5} \tag{12.30}$$

つまり $S$ 行列はつぎのようになる。

$$S = \begin{bmatrix} -0.6 & 0.8 \\ 0.8 & 0.6 \end{bmatrix} \tag{12.31}$$

◆

$S$ 行列は,4 端子網の両側に抵抗が接続されたとき,その動作状態を考えるのに便利である。これは信号伝送システムでしばしば現れる。図 12.14 を考え,基準定数を両側の抵抗に合わせて,それぞれ $R_1$, $R_2$ とする。

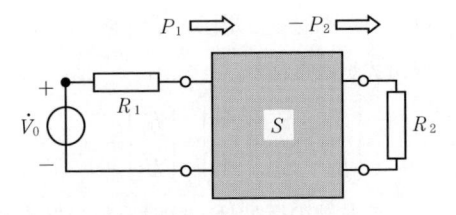

図 12.14　抵抗終端の場合

このとき 1 側では

$$\dot{V}_0 = \dot{V}_1 + R_1 \dot{I}_1 = 2\dot{A}_1 \tag{12.32}$$

2 側では

$$\dot{V}_2 = -R_2 \dot{I}_2$$

$$\therefore \quad \dot{A}_2 = 0, \qquad \dot{V}_2 = \dot{B}_2 \tag{12.33}$$

となる。

このとき $S$ 行列は,つぎの式になる。

$$\dot{B}_1 = S_{11} \dot{A}_1, \qquad \dot{B}_2 = S_{21} \dot{A}_1 \tag{12.34}$$

以上をまとめると,次式が得られる。

$$\dot{V}_2 = \frac{S_{21}\dot{V}_0}{2} \tag{12.35}$$

この式も便利だが，1側で電源側から入ってくる電力 $P_1$，2側で抵抗に供給される電力（$-P_2$）は，それぞれつぎのように与えられる．

$$P_1 = \frac{|\dot{V}_0|^2}{4R_1}(1-|S_{11}|^2), \qquad -P_2 = \frac{|\dot{V}_0|^2}{4R_2}|S_{21}|^2 \tag{12.36}$$

つまり電源からは，精一杯に有能電力が供給され，4端子網からは $S_{11}$ に相当する分が返される．また $S_{21}$ は，$R_2$ を内部抵抗とする電源の有能電力に比べて，どれだけが実際に供給されたかを示している．

## 演 習 問 題

（1） 図12.15の回路について，対称分，反対称分に対する等価回路を描け．

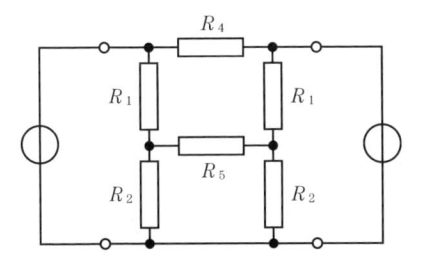

図 12.15

（2） 図12.5の3相交流回路で，中央接続点になにも接続されていないとき（$Z_B = \infty$），電位はどうなるか．

（3） 図12.5の3相交流回路で事故があり，$\dot{V}_a$ は正規の値だが，$\dot{V}_b$ と $\dot{V}_c$ が0になったとする．このとき各線にはどのような電流が流れるか．

（4） 図12.16の3相交流回路について，零相分，正相分，逆相分に対する等価回路を描け．

（5） 図12.17で回路1と回路2の電圧・電流の関係がまったく同じになるためには，各コンダクタンスの間にどのような関係が必要か．

168    12. 電圧・電流の変換

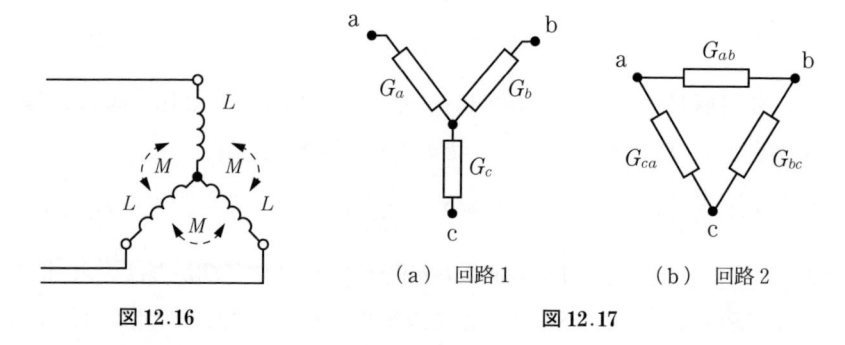

　　　図 12.16　　　　　（a）回路 1　　　　　（b）回路 2
　　　　　　　　　　　　　　　図 12.17

（6） 正弦波交流でインダクタまたはキャパシタに対して反射係数を計算すると，絶対値が 1 になる。それはなにを意味するのか。

（7） 図 12.18 の回路で，1 側と 2 側の基準定数をそれぞれ 1 Ω，2 Ω として，$S$ 行列を求めよ。

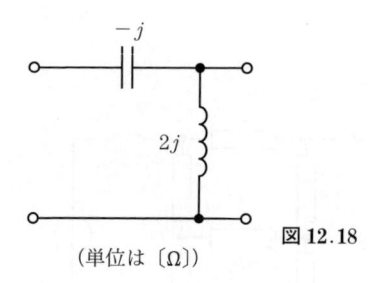

　　　（単位は〔Ω〕）　　図 12.18

（8） 問題（7）の結果で，$S$ 行列の対角要素が 0 になっているが，それはなにを意味するのか。またほかの要素はなにを表しているのか説明せよ。

# 13 1次および2次の回路

## 13.1 1次回路の過渡特性

インダクタまたはキャパシタを1個だけ含み，そのほかは抵抗と電源からなる回路を，1次回路と呼ぶ。この回路の過渡現象については，7章で学んだ。基本的なことを以下にまとめる。**図13.1**のような1次回路で，電源がすべて直流であると，任意の点の電圧（あるいは電流）の過渡現象は，次式で与えられる。

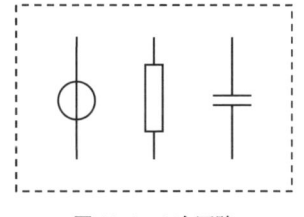

**図13.1** 1次回路

$$V = V_0 e^{-t/T} + V_\infty(1 - e^{-t/T}) \quad (13.1)$$

ここで $V_0$ は初期値，$V_\infty$ は最終値。$T = RC$（または $L/R$），$R$ は電源の値を0として $C$ または $L$ の両端からみた抵抗値である。$T$ は時定数と呼ばれ，回路状態の変化の速さを示す定数である。

## 13.2 1次回路の周波数特性

例として，**図13.2**の1次回路を考える。ここで正弦波交流として電圧 $\dot{V}_1$ を与え，$\dot{V}_2$ を利用するのが目的だとする。

**伝達関数，周波数特性**　「$\dot{V}_1$ を与え，$\dot{V}_2$ を利用する」という目的がはっきりしているとき，$\dot{V}_1$ を入力，$\dot{V}_2$ を出力といい，その比 $F = \dot{V}_2 / \dot{V}_1$ を伝達関

## 13. 1次および2次の回路

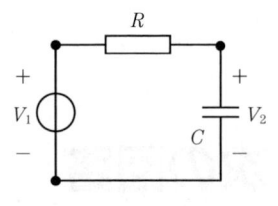

**図13.2** 1次回路の例

数という。2端子素子のインピーダンスやアドミタンスも伝達関数だといえる。伝達関数を周波数あるいは角周波数の関数として考えるとき，周波数特性という。生じた出力を，その入力に対する応答という。過渡現象として生じる電圧・電流も応答だといえる。

いまの場合，伝達関数を計算すると，つぎのようになる。

$$F=\frac{1/j\omega C}{R+(1/j\omega C)}=\frac{1}{1+j\omega T}, \qquad T=RC \tag{13.2}$$

ここで $T$ は，過渡現象での時定数と同じ値になる。時定数は，回路状態の変化の速さを表す定数であり，一方正弦波交流では電圧・電流が変化するのだから，$T$ が両方の式に同じ値で現れても不思議ではない。

いま周波数を0からしだいに高くしていくと，$F$ の分母は**図13.3**（a）のようなベクトルになる。分母の絶対値は最初1で，しだいに大きくなる。$|F|$ でいえば最初1で，しだいに小さくなり，0に近づく（図（b））。$F$ の偏角もそれに対応して，0°から-90°まで変化する。

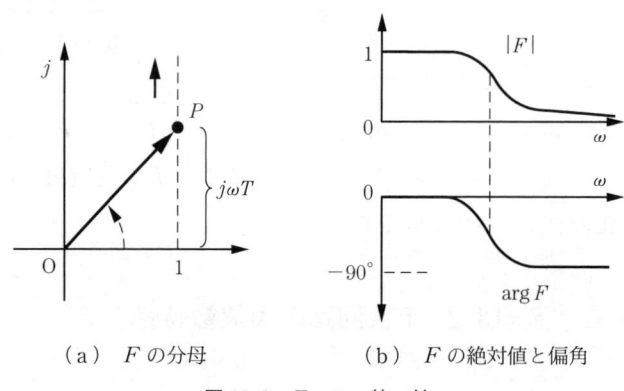

（a） $F$ の分母 　　　　（b） $F$ の絶対値と偏角

**図13.3** $F$ の 特 性

これらの変化がどのくらいの周波数で起きるかの見当として，図（a）のベクトルが偏角45°になる（実部と虚部が等しくなる）周波数 $f$ がよく用いられる。それは

$$\omega RC = 1 \quad \text{すなわち} \quad \omega = \frac{1}{T} \tag{13.3}$$

となるときである（$\omega=2\pi f$）。このとき $|F|$ は，周波数 0 のときの値の $1/\sqrt{2}$（ほぼ 0.7 倍，あるいは $-3$〔dB〕）であり，偏角は $-45°$ となる。

---

**例題 13.1**　図 13.4 の回路で電圧源 $\dot{V}$ の絶対値を一定に保ちつつ周波数を変えるとき，電流 $\dot{I}$ はどのように変化するか。

---

【解答】　電流 $\dot{I}$ はつぎのようになる。

$$\dot{I} = \frac{\dot{V}}{R + j\omega L} = \frac{\dot{V}}{R(1 + j\omega T)}, \quad T = \frac{L}{R} \tag{13.4}$$

これは式（13.2）とまったく同じ形をしている。つまり $|\dot{I}|$ は，直流のときはオームの法則で定まる $|\dot{V}|/R$ だが，周波数が高くなるに従って減少し，0 に近づく。その変化が起きるのは，$\omega = 1/T$ の付近である。◆

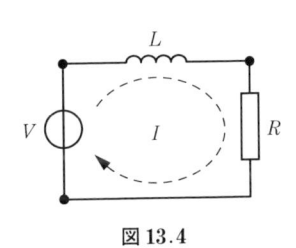

**図 13.4**

## 13.3　伝達関数ベクトル

図 13.3（a）のベクトル図は，$F$ の式（13.2）の分母である。細かな計算を省略するが，一方 $F$ 自体の軌跡を計算すると，**図 13.5**（a）の実線のような時計回りの下側半円になる。周波数を高くするとき，分母の絶対値がしだいに増し，偏角が増していくのだから，その逆数を想像すれば傾向が理解できると思う。また図 13.3（b）と見比べてほしい。

**ベクトル軌跡**　一般に 1 次回路で伝達関数 $F$ を計算すると，分母と分子はつねに $j\omega$ の 1 次式か定数になる。それを変形して

$$F = \frac{c + j\omega d}{a + j\omega b} = A + \frac{B}{a + j\omega b} \tag{13.5}$$

（$A$, $B$ は実数）とすればわかるように，$F$ の軌跡は，ベクトル $A$ の先に式

## 13. 1次および2次の回路

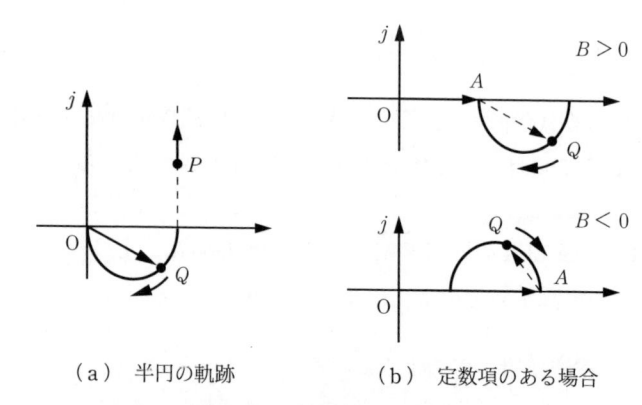

（a）半円の軌跡　　　　（b）定数項のある場合

**図 13.5**　1次回路のベクトル図

(13.2)の半円を付け加えたものになる（図（b））。$B$ が正か負かによって図（b）のどちらかの形になる（$a>0$ としている）。

**まとめ**　1次回路の周波数特性は簡単である。つぎの性質に注意したい。

（a）周波数が 0 のとき，∞ のときには，$F$ はそれぞれ定数になる。インダクタ，キャパシタを，短絡あるいは開放で置き換えて，これらの定数が簡単に求められる。

（b）ベクトルとしての軌跡は上の 2 点を直径とする半円になる。周波数が 0 から ∞ に向かうとき，半円上を時計方向に回る。そして $\omega=1/T$ のときにベクトルはちょうど半分だけ移動する。

実部や虚部の変化も，この軌跡から容易に理解できる。これらの性質を暗記する必要はない。実際の回路に出会ったときには，この性質を思い出して図（b）の軌跡を頭に描いてほしい。

---

**例題 13.2**　図 13.6（a）の回路について，伝達関数 $F=\dot{V}_2/\dot{V}_1$ の実部および虚部の周波数特性を描け。

【解答】　方程式を作らなくても，図から $\omega=0$ ではインダクタが短絡になり $F=0.4$，また $\omega\to\infty$ ではインダクタが開放になり $F=0.2$ であることがわかる。また電圧源を 0 としてインダクタの両端から抵抗を見ると 2.5Ω

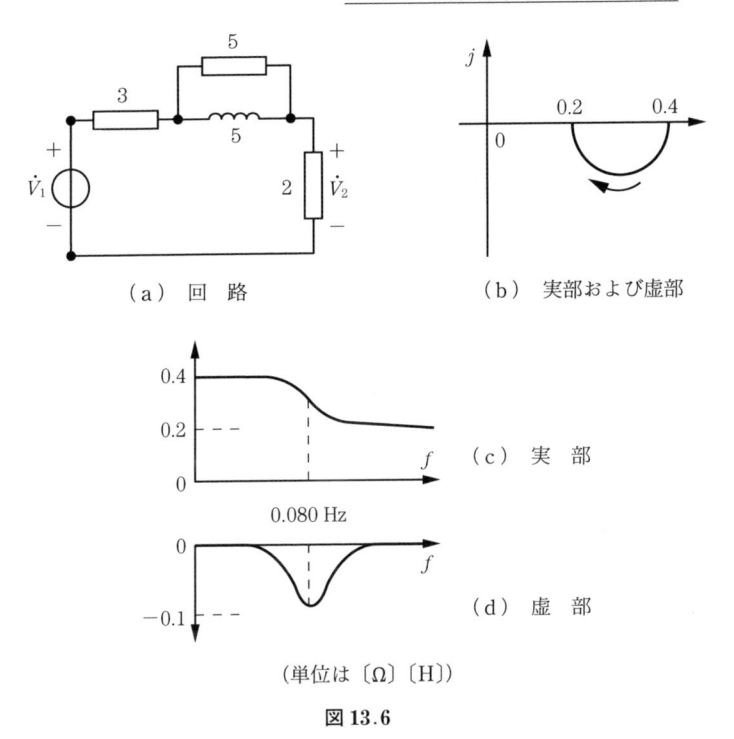

13.4　周波数特性と過渡応答　　173

（a）回　路　　　　　　　　（b）実部および虚部

（c）実　部

0.080 Hz

（d）虚　部

（単位は〔Ω〕〔H〕）

図 13.6

であるから，時定数は $L/R=2$ s，対応する $\omega$ は，0.5 rad/s，周波数は約 0.080 Hz となる。

　問題で要求されなくても必ずベクトル図を描いてほしい。複素数平面上に 0.4 と 0.2 を取り，その間を時計周りの半円を描けば図（b）が得られる。虚部は負で最小値は $-0.1$，実部変化の中点と虚部の最小値は，約 0.080 Hz で起きる（図（c），（d））。絶対値と偏角は計算しなければ正確にはわからないが，軌跡からだいたいの様子は推定できる（図に描いてみてほしい）。

◆

## 13.4　周波数特性と過渡応答

周波数特性と過渡特性は，時定数を通して結びついている。例として図

## 13. 1次および2次の回路

13.2の回路を考える。伝達関数の絶対値は**図 13.7**（a）のような周波数特性になる。いま入力 $V_1$ として図（b）のような時間波形（ステップ波形という）を加えると，出力 $V_2$ は図（c）のようにいくぶん緩やかに立ち上がる。この波形についてはすでに学んだ。

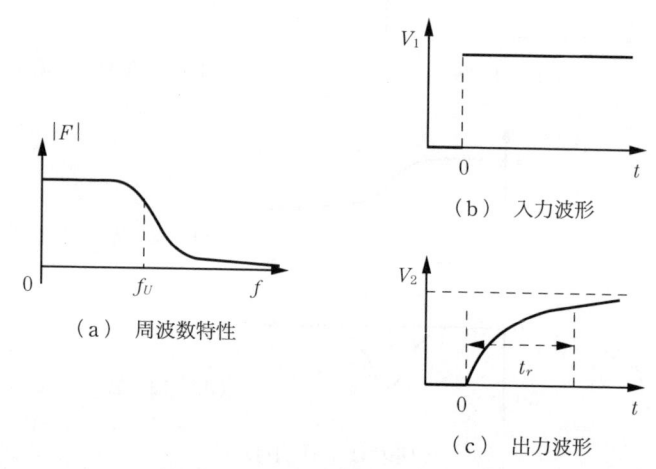

**図 13.7** 上限周波数と時間特性の関係

**立上り時間** 一般に回路の応答の速さを表すために，入力としてステップ波形を与え，出力波形が最終値の 10％を通過してから 90％に到達するまでの時間を，立上り時間 $t_r$ と呼んでいる。周波数帯域の上限周波数と立上り時間には，以下の関係がある。

図13.7（a）の周波数特性で 3 dB 低下の点を上限周波数 $f_U$ と定義する。時定数を $T$ とすると，$f_U$ は $\omega T=1$ より $f_U=1/2\pi T$ となる。

一方，図（c）の波形は，つぎの形になる。

$$V_2 = A(1-e^{-t/T}) \tag{13.6}$$

最終値は $A$ であるから，$V_2$ が最終値の 10％に達する時間 $t_{10}$ と，90％に達する時間 $t_{90}$ は，つぎのように求められる。

$$1-e^{-t/T}=0.1 \quad \text{または} \quad 0.9$$

$$\therefore \quad t_{10}=-T\log 0.9=0.11\,T, \quad t_{90}=-T\log 0.1=2.30\,T \tag{13.7}$$

## 13.4 周波数特性と過渡応答

結局立上り時間 $t_r$ と上限周波数 $f_U$ の関係は，つぎのようになる。

$$t_r = t_{90} - t_{10} = 2.2T = \frac{0.35}{f_U} \tag{13.8}$$

このように周波数特性と出力波形は，密接に関係する。式 (13.8) は，一般に周波数特性と立上り時間のごくだいたいの関係として利用される。ただし回路が1次回路でないときには，ごく粗い近似にしかならない。

**サ グ** 図 13.8（a）の回路を考える。この回路の周波数特性は

$$F = \frac{j\omega T}{1 + j\omega T}, \qquad T = RC \tag{13.9}$$

となり，周波数が低い側で小さくなり，直流で0になる。$-3\,\mathrm{dB}$ の周波数は $f_L = 1/2\pi T$ で与えられる。

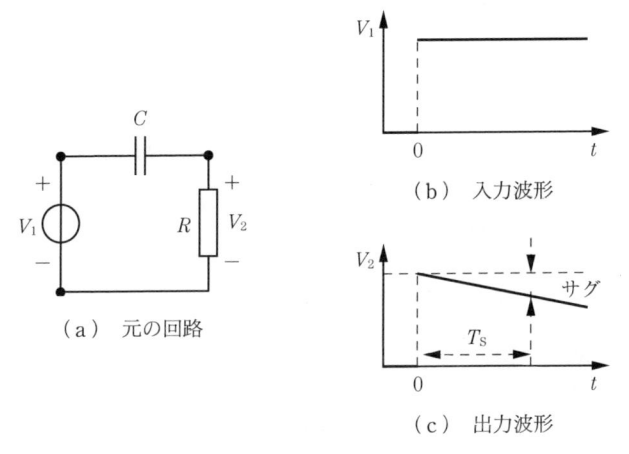

図 13.8 上限周波数と時間特性の関係

入力電圧として高さ $A$ のステップ波形を与えると（図（b）），出力電圧は $Ae^{-t/T}$ となり，時間とともに低下する（図（c））。最初の値 $A$ からの低下率（%）をサグ（たるみ）という。近似式 $e^{-x} \fallingdotseq 1-x$ を用いると，入力を与えてから時間 $T_S$ が経過したときのサグは $T_S/T$ となる。

---

**例題 13.3** ある回路にステップ入力を与えて出力を調べたところ，立上り時間が $2\,\mu\mathrm{s}$，$1\,\mathrm{ms}$ におけるサグが 5% であった。この回路はだいたいどの

範囲の周波数の信号を出力に伝えられるか.

【解答】　上限周波数については，時定数は式 (13.8) から $f_U ≒ 0.18$ MHz。下限周波数については，$T_s/T = 5\%$ と $T_s = 1$ ms から $T = 20$ ms。これから $f_L ≒ 8.0$ Hz となる。　◆

## 13.5　2次回路の固有振動

インダクタあるいはキャパシタを2個含む回路は，いくらか複雑になる。インダクタとキャパシタを1個ずつ含む回路を勉強すれば，2次回路の基本的な性質が理解できる。

どのような接続も考え方はだいたい同じなので，図 13.9 のように，インダクタ，抵抗，キャパシタが直列に電圧源に接続された回路を考える（$LRC$ 直列回路という）。

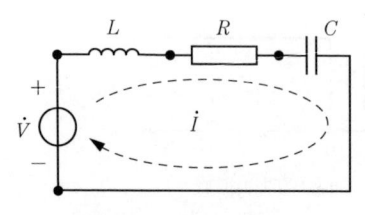

**図 13.9**　$LRC$ 直列回路

まずこの回路の固有振動を考えよう。図の回路で電源を 0 とおくと，閉路電流に対する方程式は，つぎのようになる。

$$\left(pL + R + \frac{1}{pC}\right)\dot{I} = 0 \tag{13.10}$$

したがって，固有振動は次式によって定まる。

$$p^2 LC + pRC + 1 = 0 \tag{13.11}$$

$L$, $R$, $C$ の値の組み合わせによって，この2次方程式の根には，2実数，2重根，共役複素数の三つの場合が生じる。$L$, $R$, $C$ が正値であるから，根と係数の関係を使って調べると（自分で理屈を考えてほしい），つぎのことがわかる。

**指　数　的**　2実根の場合には，2根とも負になる。これを $p = -\alpha, -\beta$ とおくと，固有振動はつぎの2個の指数関数の和になる。

$$Ae^{-\alpha t} + Be^{-\beta t} \tag{13.12}$$

## 13.5 2次回路の固有振動

指数関数はどちらも単調に減少する。その和は，一度くらいは増加・減少するかもしれないが，だいたいは図 13.10（a）のように単調に 0 に向かう（指数的という）。

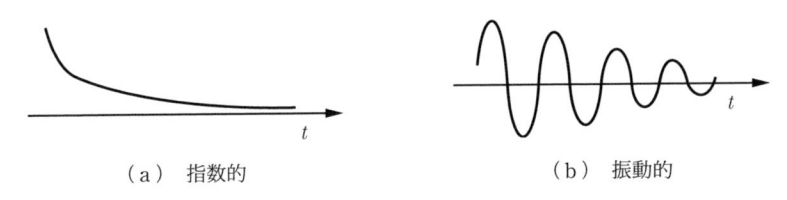

（a）指数的　　　　　（b）振動的

図 13.10　2 次回路の固有振動

**振動的**　　2 根が 1 対の共役複素数になる場合には，実部が負になる。この場合の 2 根を $p=-\alpha\pm j\beta$ とおくと，固有振動は 2 個の項の和になる。

$$Ae^{(-\alpha+j\beta)t}, \qquad Be^{(-\alpha-j\beta)t} \tag{13.13}$$

オイラーの式を用いると，これらの指数関数は

$$e^{(-\alpha\pm j\beta)t}=e^{-\alpha t}e^{\pm j\beta t}=e^{-\alpha t}(\cos\beta t\pm j\sin\beta t) \tag{13.14}$$

となる。結局固有振動は，実数で表すとつぎの 2 個になる。

$$Ce^{-\alpha t}\cos\beta t, \qquad De^{-\alpha t}\sin\beta t \tag{13.15}$$

この式からわかるように，固有振動はほぼ正弦波の形をしており，その振幅が時間とともに減少すると考えてよい（図 13.10（b），振動的という）。

$\alpha,\ \beta$ の値を具体的に知ってほしい。式（13.11）を解くと，つぎのようになる。

$$\alpha=\frac{R}{2L}, \qquad \beta=\frac{\sqrt{4LC-R^2C^2}}{2LC} \tag{13.16}$$

**臨界的**　　計算をしないが，方程式（13.11）が重根をもつ場合，固有振動の数式が少し変わるが，曲線の形は 2 実根の場合とほとんど変わらない（臨界的という）。

**過渡現象**　　固有振動がこのような形になるので，出力がある初期値から出発して最終値へ向かうとき，過渡現象は図 13.11 のようになる。

工学システムでは，過渡現象が 2 次回路で表される場合が多い。ある状態からほかの状態へできるだけ早く移動したい場合がある。野球の盗塁では，早く

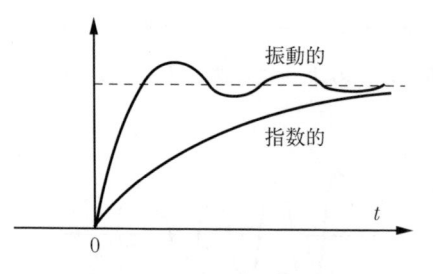

図 13.11 2次回路の過渡現象

2塁ベースに到着したいが,オーバーランしてアウトではいけない。許容誤差の範囲で(つまりオーバーランしてもベースの範囲内で)できるだけ早く目的地に到達するのが一番よい。そのためには,固有振動は臨界的か,いくらか振動的にするのがよい。

**例題 13.4** 図 13.12 の回路が臨界的になるように $R$ の値を定めよ。

【解答】 図のように閉路電流 $I_1$, $I_2$ をとると,閉路方程式は

$$(2p+R+1)I_1-I_2=0$$
$$-I_1+\left(1+\frac{1}{2p}\right)I_2=0 \qquad (13.17)$$

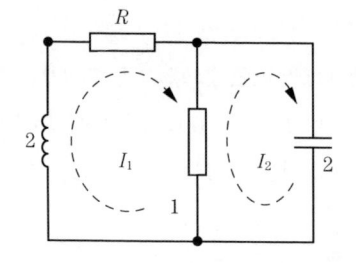

図 13.12 (単位は〔Ω〕,〔H〕,〔F〕)

これから変数を消去して $p$ を求める式を作ると

$$4p^2+2(R+1)p+(R+1)=0 \qquad (13.18)$$

判別式を作って 0 とおくと,$R=3\,\Omega$ となる。◆

## 13.6 共振現象

図 13.9 の $LRC$ 直列回路で,抵抗 $R$ が小さい場合が重要である。後で説明する理由により,このようにインダクタ,キャパシタ,小さな抵抗からなる回

路を，一般に共振回路という．この図の場合には特に直列共振回路という．

**ほぼ正弦波**　共振回路では固有振動はほとんど正弦波の形になり，ゆっくりと振幅が減少する．式 (13.16) からわかるように，正弦波の角周波数はほぼ

$$\omega_0 = \frac{1}{\sqrt{LC}} \tag{13.19}$$

としてよく，振幅は

$$e^{-\alpha t}, \quad \alpha = \frac{R}{2L} \tag{13.20}$$

の形で減衰する．

図 13.9 の LRC 直列回路で，電圧 $\dot{V}$ と電流 $\dot{I}$ に対する伝達関数（つまりインピーダンス）を調べよう．つぎのようになる．

$$\dot{I} = \frac{\dot{V}}{j\omega L + R + 1/j\omega C} \tag{13.21}$$

**電流のピーク**　式 (13.21) の伝達関数を定性的に理解しよう．インピーダンスは，式 (13.21) の分母，すなわち

$$R + j\left(\omega L - \frac{1}{\omega C}\right) \tag{13.22}$$

である．周波数を変化させると，上式の虚部だけが変化する．インピーダンスの絶対値を考えると，虚部が 0 になったときに最小値 $R$ になる．

図 13.9 の回路で考えると，$R$ も $L$ も $C$ も電流が流れるのを邪魔するのだが，$\omega = 1/\sqrt{LC}$ のときに，$L$ と $C$ は打ち消し合って存在しないのと同じ（短絡と同じ）になり，$R$ だけが電流を決定する．図の回路を眺めながら，この

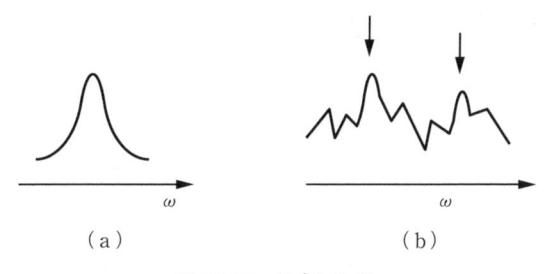

**図 13.13**　共振現象

状態を感覚的に理解してほしい。$\omega$ を変化させるとき，電流の絶対値は図13.13（a）のように変化する。

共振回路は，特別な周波数の信号だけに鋭く応答するから，通信工学では一つの周波数成分を抽出するために用いられる。また図（b）のように，複雑なシステムで鋭いピークが生じたときに，一つのピークについては上と同じような解析ができる。

## 13.7 共振回路の周波数特性

図 13.9 の共振回路の周波数特性を，もう少し詳しく解析しよう。

**共振回路の定数** つぎの定数を使用する。$\omega_0$ は，式（13.19）でも定義した。

$$\omega_0 = \frac{1}{\sqrt{LC}}, \qquad Q = \frac{\omega_0 L}{R} \tag{13.23}$$

式（13.21）を書き直すとつぎのようになる。一度は自分で計算してほしい。

$$\dot{I} = \frac{\dot{V}}{R} \frac{1}{1 + jQ\left(\dfrac{\omega}{\omega_0} - \dfrac{\omega_0}{\omega}\right)} \tag{13.24}$$

周波数を変化させるとき，分母の括弧内だけが変化する。括弧内を変数 $\Omega$ とおく。

$$\Omega = \frac{\omega}{\omega_0} - \frac{\omega_0}{\omega} \tag{13.25}$$

結局電流 $\dot{I}$ は，つぎのように書ける。

$$\dot{I} = \frac{\dot{V}}{R} \frac{1}{1 + jQ\Omega} \tag{13.26}$$

$\Omega$ を角周波数であるかのように考える。$\omega$ が 0 から $\infty$ まで変化するとき，$\Omega$ は $-\infty$ から $+\infty$ まで変化し，その途中 $\omega = \omega_0$ で $\Omega$ は 0 になる（**図 13.14**）。

| $\omega$ | 0 | 増加 | $\omega_0$ | 増加 | $\infty$ |
|---|---|---|---|---|---|
| $\Omega$ | $-\infty$ | 増加 | 0 | 増加 | $\infty$ |

**図 13.14** $\omega$ と $\Omega$ の関係

**注意** 式 (13.26) は，1次回路の伝達関数 (13.2) とまったく同じ形をしている．つまり1次回路の特性で角周波数 $\omega$ を $-\infty$ から $+\infty$ まで変えると，2次回路の特性と同じになる．

式 (13.26) をベクトル図で考えると，つぎのようになる．$\Omega$ が $-\infty$ から $+\infty$ まで変化するとき，分母 $(1+jQ\Omega)$ は図 13.15 の破線を下から上へ移動する．

この分母ベクトルの絶対値は $\infty$ から始まり，減少して $\Omega=0$ ($\omega=\omega_0$) で1になり，また増加して $\infty$ になる．つまり電流は両端で 0, $\Omega=0$ ($\omega=\omega_0$) で最大値 $|\dot{V}|/R$ になる．これは前節で理解したとおりである．

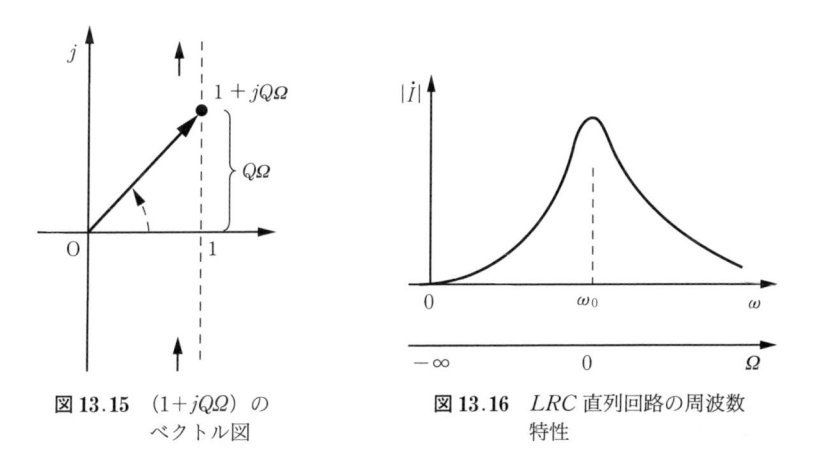

**図 13.15** $(1+jQ\Omega)$ のベクトル図

**図 13.16** $LRC$ 直列回路の周波数特性

結局，電圧源の振幅を一定にして周波数を変えつつ電流の大きさを調べると，図 13.16 のようになる（位相はどうなるか，考えてほしい）．

## 13.8 共振特性の鋭さと $Q$

図 13.16 の周波数特性をもう少し詳しく考えよう．この曲線を共振曲線という．$\omega_0$ を中心角周波数，$f_0=\omega_0/2\pi$ を中心周波数という．$\omega$ を横軸にとるとき，この曲線は左右対称ではなく右側に広がっている．しかし横軸を対数目盛で描くと，左右対称になる．

**ピークの鋭さ**　この曲線の山の高さは，オームの法則によって $R$ の値で決まる．しかし山の鋭さは $L$ や $C$ の値によって変わる．電流の大きさが最大値の $1/\sqrt{2}$ になる周波数を，山の鋭さを示すものとして使う（**図 13.17**）．一次回路では $-3$ dB の点に注目したが，それと同じである．

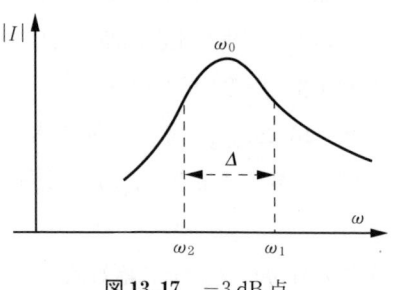

**図 13.17**　$-3$ dB 点

図 13.15 から明らかなように，$-3$ dB 点は，ベクトルの長さが $\sqrt{2}$ になる点，すなわち

$$Q\varOmega = \pm 1 \tag{13.27}$$

で与えられる．変数を $\omega$ に戻してこの式を解いてみよう．

上式の複号の正符号を考え，式 (13.25) の $\varOmega$ を代入して，$\omega$ の2次方程式に書き直すと

$$\omega^2 - Q^{-1}\omega_0 \omega - \omega_0^2 = 0 \tag{13.28}$$

根を求めると，

$$\omega = \frac{Q^{-1}\omega_0 \pm \sqrt{Q^{-2}\omega_0^2 + 4\omega_0^2}}{2} \tag{13.29}$$

いま正の値の $\omega$ を求めたいので，複号の $+$ が該当する．この値を $\omega_1$ とする．

式 (13.27) で負符号を考えると，同様にしてもう一つの $\omega$ が得られる．

$$\omega = \frac{-Q^{-1}\omega_0 \pm \sqrt{Q^{-2}\omega_0^2 + 4\omega_0^2}}{2} \tag{13.30}$$

ここでも複号の $+$ が該当する．この値を $\omega_2$ とする．

**$Q$ の意味**　以上により，図 13.17 の二つの $-3$ dB 点 $\omega_1$，$\omega_2$ が得られた．その差 $\varDelta = \omega_1 - \omega_2$ は，回路が大きく応答する角周波数範囲（帯域幅という）を表している．式 (13.29)，(13.30) から，次式が得られる．

$$\varDelta = \omega_1 - \omega_2 = Q^{-1}\omega_0 \quad \therefore \quad Q = \frac{\omega_0}{\varDelta} \tag{13.31}$$

つまり $Q$ は，角周波数帯域と中心角周波数の比を表しており，図 13.17 の

山の鋭さを表す．これは重要な定数である．比の形になっているから，角周波数でなく周波数で考えても同じである．

　この節では，抵抗 $R$ が小さく，山が鋭い特性を想定しているが，式 (13.31) は近似なしで導かれた．つまりいくら山が平坦でも成立する．共振回路の特性は，いろいろな見方から論じられる．暗記するのでなく，基礎知識を総合して柔軟に考えてほしい．

**例題 13.5**　ある直列共振回路について測定したところ，中心周波数が 10 MHz，$-3$ dB 帯域幅が 200 kHz であった．この回路の $Q$ はいくらか．この回路に 0.1 V の中心周波数の正弦波電圧を加えたところ，電流 5 mA が流れた．この共振回路の素子の値はそれぞれいくらか．

**【解答】**　式 (13.31) から $Q=50$ となる．$\omega_0$ における電流値から，$R=20\,\Omega$ となる．中心角周波数は $\omega_0=62.8$ Mrad/s．$Q$，$\omega_0$，$R$ の値から，式 (13.23) 第 2 式を用いて $L=15.9\,\mu\mathrm{H}$．さらに $\omega_0$ の値と式 (13.23) 第 1 式から，$C=15.9$ pF となる．　◆

## 13.9　共振回路の計算

**例題 13.6**　図 13.18 の回路（並列共振回路という）で，電流 $\dot{I}$ の振幅を一定に保ったまま周波数を変えるとき，電圧 $\dot{V}$ の振幅がどのように変化するかを調べ，図 13.17 とまったく同じ単峰特性が得られることを示せ．

　またこの回路のインピーダンスは $\omega_0$ において最大になり，$\omega_0$ におけるインダクタ単独（キャパシタ単独でも同じ）のインピーダンスの $Q$ 倍になることを示せ．

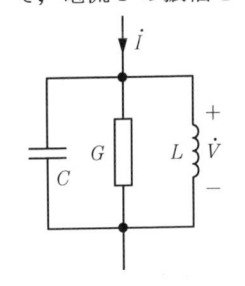

図 13.18　並列共振回路
（$G$ はコンダクタンス）

【解答】　ただちに次式が得られる。

$$\dot{V} = \frac{\dot{I}}{j\omega C + G + 1/j\omega L} \tag{13.32}$$

電圧，電流や定数が入れ替わっているだけで，ここから先の計算と周波数特性は，まったく同じである。重要な定数はつぎのようになる。

$$\omega_0 = \frac{1}{\sqrt{LC}}, \qquad Q = \frac{\omega_0 C}{G} \tag{13.33}$$

$\omega_0$ においては，インダクタとキャパシタのアドミタンスが打ち消しあい，存在しないのと同じになる。そのとき回路のインピーダンスは $1/G$ である。式 (13.33) の第2式から

$$\frac{1}{G} = \frac{Q}{\omega_0 C} = Q\omega_0 L \tag{13.34}$$

となる。これも役に立つ式である。　◆

**例題 13.7**　図 13.19（a）の回路は，並列共振回路であるが，抵抗がインダクタに直列になっている。$\omega_0$ 付近で近似的に図（b）を図（c）に変換し例題 13.6 の並列共振回路に変換せよ。この場合 $Q$ はどのような式で表されるか。

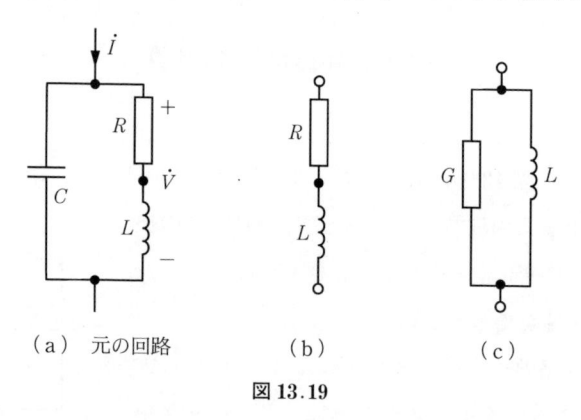

（a）元の回路　　　（b）　　　（c）

**図 13.19**

【解答】　図（b）の回路のインピーダンスをアドミタンスに書き直し，実部と虚部に分けると図（c）の形が得られる。$x$ の絶対値が小さい場合には，公式 $1/(1+x) \fallingdotseq 1-x$ が使える。

$$\frac{1}{R+j\omega L}=\frac{1}{j\omega L}\frac{1}{1+(R/j\omega L)}\fallingdotseq\frac{1}{j\omega L}\left(1-\frac{R}{j\omega L}\right)=\frac{R}{\omega^2 L^2}+\frac{1}{j\omega L} \tag{13.35}$$

結局 $\omega_0$ 付近での近似として，インダクタンスはそのままとし，並列コンダクタンス $G=R/\omega_0^2L^2$ が接続されているとすればよい。これで例題 13.6 の並列共振回路と同じになる。このときの $Q$ は，式 (13.33) により

$$Q=\frac{\omega_0 C}{R/\omega_0^2 L^2}=\frac{\omega_0 L}{R} \tag{13.36}$$

となり，最初の式 (13.23) と同じになる。 ◆

## 13.10　共振回路のエネルギー

図 13.20 の共振回路でほぼ角周波数 $\omega_0$ の正弦波の固有振動が生じているとする。丁寧に議論するために，正弦波のままで計算する。

**蓄積エネルギー**　　抵抗を無視して，だいたいの状況を調べる。キャパシタの電圧 $V_C$ を $A\cos\omega_0 t$ とする。

回路を流れる電流は

$$I=C\frac{dV_C}{dt}=-\omega_0 CA\sin\omega_0 t \tag{13.37}$$

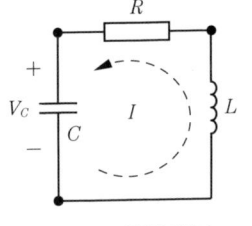

図 13.20　共振回路とエネルギー

各時刻においてキャパシタ，インダクタの蓄積するエネルギーは，つぎのようになる。

$$W_C=\frac{1}{2}CV_C^2=\frac{1}{2}CA^2\cos^2\omega_0 t \tag{13.38}$$

$$W_L=\frac{1}{2}LI^2=\frac{1}{2}L(\omega_0 CA)^2\sin^2\omega_0 t \tag{13.39}$$

$\omega_0^2 LC=1$ であることを考慮すると，上の 2 式から

$$W_C+W_L=\frac{CA^2}{2}=一定 \tag{13.40}$$

となる。つまり共振状態では，キャパシタとインダクタはエネルギーを蓄え，

たがいにやりとりしながら振動を維持している。これは振り子が位置エネルギーと運動エネルギーを交換しながら振動を続けるのと同じ現象である（9章問題（6）でも同じ現象を考察した）。

**エネルギー消費**　つぎに抵抗を考慮する。エネルギーがインダクタとキャパシタの間を往復するときには，抵抗を通過しなければならず，そのときにエネルギーを消費する。それによって共振のエネルギーがしだいに減少する。

抵抗で消費される電力は

$$P_R = RI^2 = R(\omega_0 CA)^2 \sin^2 \omega_0 t \tag{13.41}$$

である。エネルギーがゆっくりと減っていくから，上式の平均値を考える。それは

$$\frac{R(\omega_0 CA)^2}{2} = \frac{RCA^2}{2L}$$

$$= \frac{R}{L} \times (蓄積エネルギー) \tag{13.42}$$

となる。

これに $Q = \omega_0 L/R$ を結びつければ，つぎの式が得られる。

$$Q = \frac{蓄えられるエネルギーの最大値}{(消費される電力)/\omega_0} \tag{13.43}$$

この式の分母は，正弦波 1 rad 当たりに消費される平均電力ともいえる。共振回路に損失がどのような形で含まれていても，この式を使えば $Q$ が計算できる。

# 演習問題

（1）図 13.21 の回路の周波数特性とステップ波形に対する出力を求めよ。

（2）図 13.22 の回路の周波数特性とステップ波形に対する出力を求めよ。

（3）1 次回路で，入力としてステップ波形を与え，出力電圧を調べたところ，初期値が 1 V，最終値が 5 V で，その間の変化の時定数は 3 s であった。この回路の周波数特性の概略を図示せよ。

演習問題

図 13.21

図 13.22 (単位〔Ω〕, 〔F〕)

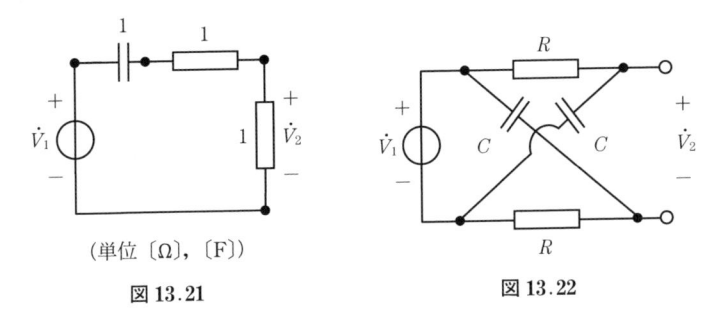

(4) 図13.23の回路で抵抗の値を変化させるとき，固有振動が振動的か指数的かを調べよ．

(5) (i) 並列共振回路でキャパシタが100 pF，共振周波数が1 MHz，$Q$が100であった．この回路の共振時のインピーダンスはいくらになるか．(ii) また別の並列共振回路では$L/C=4$で，共振時のインピーダンスが50 Ωであった．この回路の$Q$はいくらか．

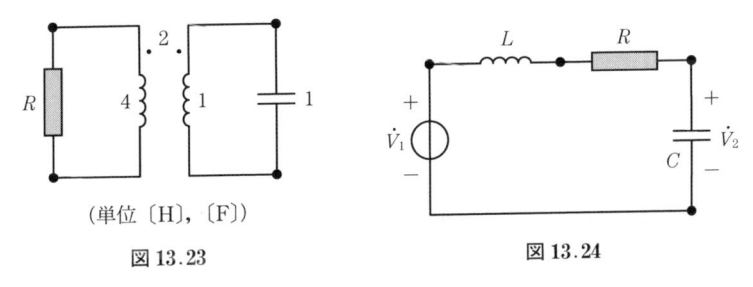

図 13.23 (単位〔H〕, 〔F〕)

図 13.24

(6) 図13.24の回路において，共振条件$\omega_0^2 LC=1$が満足されているとき，電圧比$\dot{V}_2/\dot{V}_1$はどうなるか．

(7) 共振回路でほとんど正弦波の固有振動が起きている．この波形を図13.10（b）のように観測した．最初の山から数えて$Q$番目の山の高さは，どの程度減衰しているか計算せよ．またこの性質をどのように利用できるか考察せよ．

(8) ある共振回路に負荷を接続して電力を取り出したい．無負荷のときの$Q$が100，電力1 Wを取り出したときの$Q$が80であった．電力2 Wを取り出すと$Q$はいくらになるか．

# 演習問題略解

## 1 章

（**1**）「高圧」はよいが「高圧電流」は誤り。「高電圧注意」のほうがよい。
（**2**）器具に電圧，電力などの記載がある。電流，抵抗を計算せよ。
（**3**）電流は $0.3\,\text{mA}$，電力は $0.9\,\text{W}$。
（**4**）$1\,\text{s}$ なら $1\,\text{A}$, $10\,\text{J}$, $1\,\mu\text{s}$ なら $1\,\text{MA}$, $10\,\text{MJ}$。違いを見てほしい。
（**5**）$500\,\text{W} \times (90/100)^2 = 405\,\text{W}$。
（**6**）水の比熱は $4.2\,\text{J}/(\text{g}\cdot\text{K})$。必要なエネルギーは $500\times 80\times 4.2 = 168\,\text{kJ}$。抵抗からは $500\,\text{W}$。すべて熱に変わるから，時間は $168\,\text{k}\div 500 = 336\,\text{s}$（$=5.6$ 分）。
（**7**）電荷 $Q$, $Q'$ が距離 $r$ にあるときの力は $QQ'/4\pi\varepsilon_0 r^2$。$\varepsilon_0 = 8.85\times 10^{-12}$（単位省略）。力は $0.9\times 10^{10}\,\text{N}$。どれだけの物を持ち上げられるか。$1\,\text{A} = 1\,\text{C/s}$ はこのような大きな電荷の流れである。
（**8**）銅線の体積は $0.785\,\text{cm}^3$，自由電子は $1.32\times 10^{23}$ 個。$1\,\text{C}$ は $0.625\times 10^{19}$ 個。毎秒わずか約 2 万分の 1 が出入りする。電流は自由電子の流れだが，出入り口でわずかに移動するだけである。

## 2 章

（**1**）抵抗を右へ流れる電流 $I$ を求め電位をたどると，電位差は $V_2 + IR_2 = (R_2V_1 + R_1V_2)/(R_1+R_2)$。$V_1$, $V_2$ を $R_2:R_1$ で内分する公式と同じ。
（**2**）端子電圧 $V$，端子電流 $I$ の関係は $V = V_0 - R_0 I$。数値を入れて解くと $V_0 = 10\,\text{V}$, $R_0 = 2\,\Omega$。
（**3**）端子電流を $I$ として $6\,\Omega$ の電流・電圧を求め，端子電圧と端子からの電力を求めると $24I - 8I^2$。最大は $18\,\text{W}$。
（**4**）各抵抗の電圧・電流をわかるところから求めていくと，$18\,\text{V}$ となる。
（**5**）同じ電力を送るのに電圧を高くすれば電流は小さくなる。電線の抵抗による電力消費は損失だから，電圧を高くするほうがよい。
（**6**）計算すると $0.011\,\Omega$。数 $\Omega$ 以上の抵抗に対して無視できる。
（**7**）$V = (G_1V_1 + G_2V_2 + G_3V_3)/(G_1+G_2+G_3)$ が理解できると思う。
（**8**）電流源の電圧を $V_1$ とし，点 A の電流から $V_1$ を求め，二つの電源が供給する電力 $3V_1$, $V_0\{(V_0-V_1)/8\}$ に $V_1$ を代入して等しくおくと，$V_0^2 - 6V_0 - 72 = 0$。

演習問題略解　189

これから $V_0 = -6$ または $12\,\mathrm{V}$。

## 3 章

(1) 直列，並列で計算すると $4\,\mathrm{V}$ になる。
(2) 並列抵抗をまとめると 2 章演習問題 (1) と同じになり，電圧は $5\,\mathrm{V}$。
(3) ブリッジバランスなので $5\,\Omega$ を開放すると，電流は $2\,\mathrm{A}$。
(4) AB を直結する稜を除くと，残りはブリッジバランス。電流 0 の稜を開放すると，残りは直列・並列になる。最初除いた稜が並列で $2\,\Omega$ となる。
(5) $2\,\Omega^{*}$ を除くと，残りはブリッジバランスになる。$5\,\Omega$ を開放して直列・並列で計算し，$2\,\Omega^{*}$ を直列にすると，電源からは $3\,\mathrm{A}$，配分して $8\,\Omega$ の電流は $1\,\mathrm{A}$。
(6) $8\,\Omega$ を開放する (**解図 1** (a))。AB の電位は等しく，$3\,\Omega^{*}$ と $3\,\Omega^{**}$ は $3\,\mathrm{V}$，$1\,\mathrm{A}$。$3\,\Omega^{***}$ も $1\,\mathrm{A}$，$3\,\mathrm{V}$。抵抗 $R$ は $6\,\mathrm{V}$。電源 $9\,\mathrm{V}$ を配分して $6\,\mathrm{V}$ なら，$R$ と二つの $3\,\Omega$ が作る抵抗 (図 (b) の破線) は $4\,\Omega$。これから $R = 12\,\Omega$。

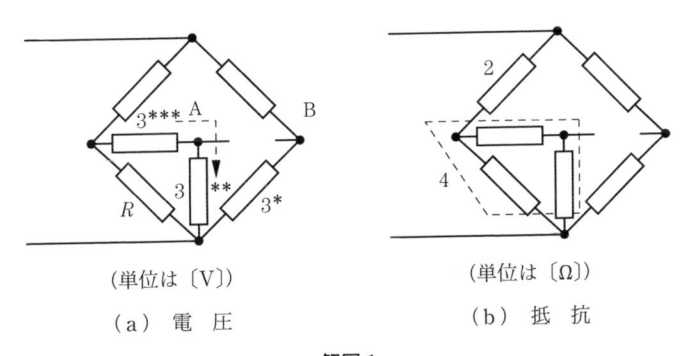

(a) 電　圧　　　　(b) 抵　抗

**解図 1**

(7) 測定する抵抗の電圧，電流を $V$, $I$，計器の示す電圧，電流を $V'$, $I'$ とする。測定値 $R' = V'/A'$ は真の値 $V/I$ と違う。電圧計と電流計を $R_V$, $R_I$ ($G_V$, $G_I$) とし，近似式 $1/(1+x) \fallingdotseq 1-x$ を用いて計算すると，各接続での誤差 (比率) は，$G_V R$, $R_I/R$。両者が等しいのは $R = \sqrt{R_V R_I}$。$R$ がこれより小さいと接続 1，大きいと接続 2 がよい。
(8) A，B を直結する稜を除く (**解図 2**)。A からの電流 $I$ は $I/2$ に分かれ，さらに $I'$ と $I/2 - I'$ に分かれ，後者は C で合流し 2 倍になる。DE 間の電位差を 2 通りに求めて等しくおくと，$I' = 2I/5$ となり，AB 間の抵抗は $42/5\,\Omega$。除いた $6\,\Omega$ が並列にして $3.5\,\Omega$。

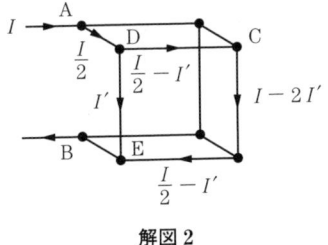

**解図 2**

## 4 章

(1) $8I_1+2I_2+3I_3=-8$, $2I_1+9I_2-4I_3=-3$, $3I_1-4I_2+9I_3=-5$。

(2) 電圧が完全に等しい必要がある。電池にはわずかな内部抵抗があるが，わずかでも電圧が違えば，大きな電流が流れ，電池の消耗を速くする。

(3) 節点方程式を作ると，$(G_1+G_2+G_3)V-G_1V_1-G_2V_2=0$。これから $V$ を得る。2章演習問題（7）で $G_3$ の下に 0 V の電圧源があるとしても同じ。

(4) 6 V と 2 S を描きなおすと**解図 3** になる。点 A を基準にとると節点方程式は
$9V_1-4V_2=13$, $-4V_1+6V_2=3$。

（単位は〔A〕，〔S〕）

**解図 3**

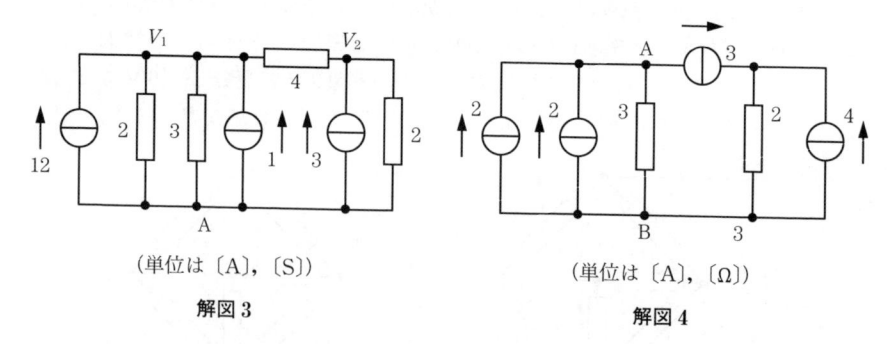

（単位は〔A〕，〔Ω〕）

**解図 4**

(5) 電流源 $I$ と 3 A を切断すると回路は二つに分かれるから，$I=3$ A でなければならない。電流源を短絡で置き換え，電圧源と 3 Ω を描き換えると**解図 4**。電流 1 A が 3 Ω を流れ，電圧は 3 V。

(6) 各枝の電圧・電流を考えると**解図 5**（a）になる。二重線は電圧，電流とも既知，太実線は電圧が既知，太破線は電流が既知である。木枝の電圧が既知だから，節点間の電圧が決定される。2 Ω は 2 V，1 A（図（b））。$R$ は 2 V，2 A となり，$R=1$ Ω。

(7) 電圧源と抵抗が直列でない。同じ電圧源を 2 個用意し（**解図 6**（a）），電圧源

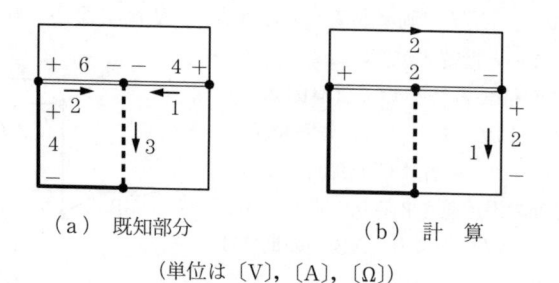

（a）既知部分　　　（b）計　算

（単位は〔V〕，〔A〕，〔Ω〕）

**解図 5**

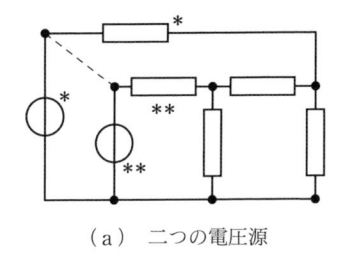

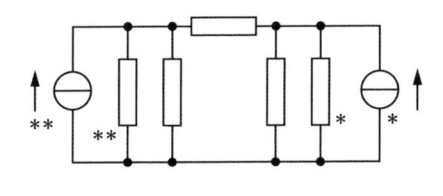

演習問題略解　　191

(a) 二つの電圧源　　　　　(b) 描き換え

解図 6

の接続を切り離す．2組の電圧源・抵抗を描き換えて図（b）になる（*, ** で対応関係を示す）．

(8) 図4.17で**解図7**（a）のように木（太線）と補木（細線）を決め，補木枝電流をすべて既知として矢印の木枝電流を求める．木枝だけを考え（図（b））問題の木枝を切断すると，節点は2組に分かれる．その1組（破線）には問題の木枝と補木枝だけが出入りするから（図（c）），電流のバランスから木枝電流が定まる．

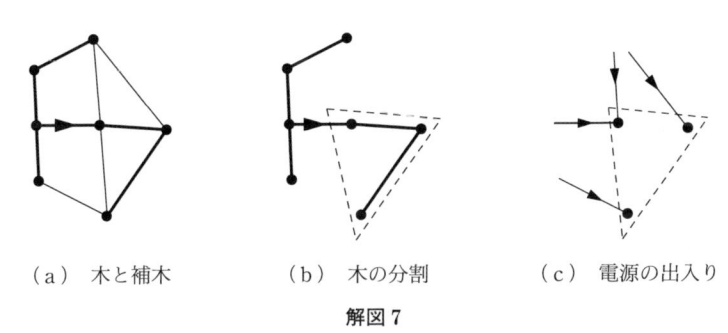

(a) 木と補木　　　　(b) 木の分割　　　　(c) 電源の出入り

解図 7

## 5 章

(1) 電圧源を一つずつ0とおき，それぞれの場合の結果の和をとればよい．
(2) 電流源を一つずつ0とおいて計算すると，5 A，10 V となる．
(3) 裁判の量刑，受験などを考えてみよ．
(4) 大声で話す場合，メガホンがある場合，携帯がある場合などを考えてみよ．
(5) 電圧源0は短絡だから，開放で電圧を計算してはいけない．この場合電圧源を原因とすれば結果は短絡電流で，相反性が成立する．
(6) （電源電力の2倍）−（コンダクタンス消費電力）を作り，$V_1$, $V_2$ について微分すると，節点方程式が得られる．
(7) 2Ωについて別々に計算すると合計は34 W．正しい値は50 W．
(8) 8 V の電圧源を0とし，16 V の電圧源を考える．左端の2Ω*を除くと，残り

の5個の抵抗がバランスブリッジになり，2Ω** を切断する。計算すると残りの部分の抵抗は2Ω。左端の2Ω* を接続して計算すると，1Ωの電圧は8/3 V。同様に8 Vの電圧源による電圧は4/3 V，合計は4 V，電流は4 A。

## 6 章

（1） $I\Delta t = C\Delta V$ から，電圧の上昇速度 $dV/dt = 0.5$ kV/s。

（2） 微係数を一定とすると $V = L\Delta I/\Delta t$。数値を入れると $V = 10$ kV。

（3） 右辺を0とおくと一般解は $y_T = Ae^{2t}$。$y$ を定数とおくと $y_S = -1$。したがって求める一般解は $y = Ae^{2t} - 1$。

（4） キャパシタの電圧を $V$ とすると，$6V' + V = 10$。一般解は $V = Ae^{-t/6} + 10$。回路から計算すると，定常解は10 V，固有振動は $Ae^{-t/6}$ となり，同じ結果になる。

（5） 数値を代入すると 80 pF。

（6） 数値を代入すると 0.56 mH。

（7） 1巻きにつき同じ磁束が発生し，磁束は巻数に比例する。磁束変化により1巻きにつき同じ電圧が発生し，電圧は巻数に比例する。結局電圧と電流の変化率の関係は，巻数の2乗に比例する。

（8） キャパシタ，インダクタの式から電圧に対して $LCV'' + V = 0$ を得る。また固有振動は $e^{\pm j\beta t}$ となる（$\beta = 1/\sqrt{LC}$）。この意味は次章で学ぶ。

## 7 章

（1） 最終値は3 A。インダクタの両端からの抵抗は2Ωで，時定数は1 s。初期値が1 Aだから，$I = 1e^{-t} + 3(1-e^{-t}) = 3 - 2e^{-t}$。

（2） $t=0$ で，2Ωでは2 A，4 V。時定数は6 s。2Ωの電圧最終値は6 V。電圧は $4e^{-t/6} + 6(1-e^{-t/6}) = 6 - 2e^{-t/6}$。

（3） 最終的にキャパシタ電圧は $V_0$，エネルギーは $(1/2)CV_0^2$。抵抗 $R$ の電流は $I = (V_0/R)e^{-\alpha t}$，$\alpha = 1/CR$。これを0から∞まで積分すると，全エネルギーは，$(1/2)CV^2$。同量のエネルギーが抵抗で消費される。

（4） 電位 $V$ で場所に $Q$ を置くとエネルギーは $QV$。しかしキャパシタの電圧は最初0である。少しずつ電荷を運ぶとき，エネルギーは $VdQ$ である。$Q = CV$ を用いて0から $V$ まで積分すると，$(1/2)CV^2$ となる。

（5） スイッチ操作前のキャパシタ電圧3 Vが引き継がれる。3Ωの電流は2 Aから突然1 Aに変化し，それが初期値になる。最終値は2 A，時定数は4 sだから，$I = 1e^{-t/4} + 2(1-e^{-t/4}) = 2 - e^{-t/4}$。

（6） スイッチ操作前のキャパシタ電圧は10 V，2 V，エネルギー合計56 J。操作後にキャパシタンスは4 F，電圧は4 V，エネルギーは32 J。スイッチ操作時

に，大きな電流がスイッチのわずかな抵抗（回路図では 0 だが）を流れ，エネルギーが消費される．

（7） 質量が $m_1$，$m_2$，速度 $v_1$，$v_2$ の 2 物体が衝突・接着し，速度 $v$ で運動すると（解図 8），衝突の前後で運動量（質量×速度）が保存され，$m_1 v_1 + m_2 v_2 = (m_1 + m_2) v$．これは式 (7.15) と同じである．

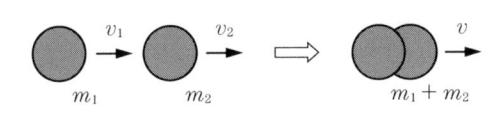

解図 8

（8） スイッチ操作前のインダクタ電流 $I_1 = 9$ A，$I_2 = 3$ A が継続されるべきだが，それは不可能．スイッチ操作時に，二つのインダクタに大きな電圧が発生して電流を調整する．キャパシタの場合と同じように計算すると，スイッチ操作の前後で $L_1 I_1 + L_2 I_2 = (L_1 + L_2) I$ となる（$I$ は操作後の電流）．数値を入れると $I = 5$ A．これを初期値としてインダクタの電流を求めると，$5e^{-2t/3} + 3(1 - e^{-2t/3}) = 3 + 2e^{-2t/3}$．

# 8 章

（1） 振幅は 10，角周波数は 50 rad/s，周期は $2\pi/\omega \fallingdotseq 0.126$ s，周波数は約 8.0 Hz，初期位相は $40°$．複素数表示は $7.7 + j6.4$．

（2） $\omega = 1.26$ krad/s．$100 \cos(\omega t + \theta)$ が $t = 0$ において $-50$ だと $\theta = \pm 120°$．答は $100 \cos(1.26 \times 10^3 t \pm 120°)$．最大，最小は $\pm T/3$ から生じる．

（3） $z_1$ が $z_2$ と $z_3$ から等距離，$z_2$ と $z_3$ の垂直 2 等分線上にあることを表す．

（4） 式 (8.38) は，「三角形の 2 辺の和は，ほかの辺より大きい」こと，式 (8.39) は，「三角形の 2 辺の差は，ほかの辺より小さい」ことを示す．

（5） ベクトルに実定数を掛けると，向きは変わらず長さが変わる．したがって求める直線の式は $z = z_0 + \lambda z_1$．$z$ は直線を表す変数ベクトル，$\lambda$ は $-\infty$ から $\infty$ まで変化する実数変数である．

（6） ベクトルに $j$ を掛けると，長さは変わらずに $90°$ 回転する．$z_1, z_2, z_3$ は，$z_1$ を直角頂点とする直角 2 等辺三角形を作る．

（7） $e^{jz} = \cos z + j \sin z$，$e^{-jz} = \cos z - j \sin z$．2 式を加えると $\cos z = (e^{jz} + e^{-jz})/2$．$z = jx$ とおくと $\cos(jx) = (e^{-x} + e^x)/2 = \cosh x$．

（8） 解図 9 で A，B がそれぞれ第 1 項，第 2 項を表し，$3.83 - j3.21$，$5 + j8.66$．和の絶対値は 10.3，偏角は $31.7°$．正弦波は $10.3 \cos(\omega t + 31.7°)$．

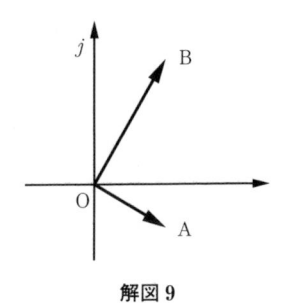

解図 9

## 9 章

(1) 電流を $\dot{I}$ とすれば，抵抗電圧 $\dot{V}_R$ は $R\dot{I}$，インダクタ電圧 $\dot{V}_L$ は $j\omega L\dot{I}$。電圧ベクトル図は解図10。AB間電圧は141 V，$\omega L = 100$ より $L = 0.32$ H。

(2) ブリッジバランス条件は直流と同じ。$j\omega L/j\omega C = R^2$ より $L = CR^2$。このとき AD 間のインピーダンスは $R$ になる。

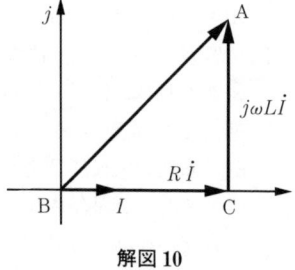

解図10

(3) 破線矢印のインピーダンスが $100\,\Omega$ なら，電源回路から最大電力が流れ，インダクタ・キャパシタは有効電力を消費せず，電力がすべて $200\,\Omega$ に供給される。これを計算すると $X_1 = 100$，$X_2 = -200$，または $X_1 = -100$，$X_2 = 200$（単位 $\Omega$）。

(4) 閉路電流によって計算すると $\dot{V}_2 = \dot{V}_1/(-j\omega^3 - 2\omega^2 + j2\omega + 1)$。直列・並列で計算しても同じ。

(5) 回路1では $Z = j\omega L_1 + 1/(G_1 + j\omega C_1)$，回路2では $Y = j\omega C_2 + 1/(R_2 + j\omega L_2)$。$R$ と $G$，$L$ と $C$ を取り替えれば同じ形になる（双対性）。

(6) 電圧を $A\cos(\omega t + \theta)$ とすれば，キャパシタ，インダクタのエネルギーはそれぞれ $(C/2)A^2\cos^2(\omega t + \theta)$，$(L/2)(A/\omega L)^2\sin^2(\omega t + \theta)$。$\omega^2 LC = 1$ だと $W_C + W_L = (C/2)A^2$ で一定。複素電力はそれぞれ $\dot{V}(j\omega C\dot{V})$，$\dot{V}(\dot{V}/j\omega L)$ で，合計0。有効電力も無効電力もやりとりしない。動作の最初にエネルギーが蓄えられるが，正弦波交流の動作になると，エネルギーはキャパシタとインダクタを往復するだけで，回路の外とは関係ない。振り子と同じである。

(7) 電流は $\dot{V}_0/j\omega L$ で，抵抗値に関係なく一定。鳳-テブナンの定理で破線から左側を描き換えると，電圧源，直列抵抗はともに無限大，つまり電流源になる。

(8) 問題（2）と同じバランスブリッジである。実線矢印の抵抗 $R$ を切断すると破線矢印からの抵抗は $R$，$\dot{V}_2 = (\dot{V}_1/2) \times R/(j\omega L + R)$。

## 10 章

(1) 変圧器の式と $\dot{I}_2 = -j\omega 2\dot{V}_2$ から，$\dot{I}_1 = j\omega 8\dot{V}_1$。8 F のキャパシタになる。

(2) 端子電圧，電流を $\dot{V}$，$\dot{I}$ とする。相互インダクタの式で $\dot{V}_1 = \dot{V}_2 = \dot{V}$ とおき，$\dot{I}_1$，$\dot{I}_2$ の連立方程式を解き，$\dot{I} = \dot{I}_1 + \dot{I}_2$ を求めると，$(L_1 L_2 - M^2)/(L_1 + L_2 - 2M)$ H のインダクタンスになる。

(3) $\dot{V}_S = \dot{V}_1 + (\dot{I}_1 + \dot{I}_2)/j\omega C$，$(\dot{I}_1 + \dot{I}_2)/j\omega C + \dot{V}_2 + R\dot{I}_2 = 0$ を相互インダクタの式と合わせて，$\dot{I}_2 = (1 - \omega^2 MC)\dot{V}_S/\Delta$（$\Delta$ の詳細は省略），$\omega = \sqrt{MC}$ のとき $\dot{I}_2 = 0$ となる。$M$ が負でも計算式は同じだが，$\dot{I}_2$ は 0 にならない。

演 習 問 題 略 解    195

(4) 電源の電圧，電流を $\dot{V}$, $\dot{I}$ とし，変圧器の式に，キャパシタ電流 $\dot{I}_C=j\omega C(\dot{V}_1-\dot{V}_2)$，コンダクタンス電流 $\dot{I}_G=G\dot{V}_2$。$\dot{I}=\dot{I}_1+\dot{I}_c$, $\dot{I}_2=\dot{I}_C-\dot{I}_G$, $\dot{V}=\dot{V}_1$。これから $\dot{I}=(4G+j\omega C)\dot{V}$。コンダクタンス $4G$ とキャパシタンス $C$ の並列。$\dot{V}_2$ から出発すると**解図11** のベクトル図が得られる。

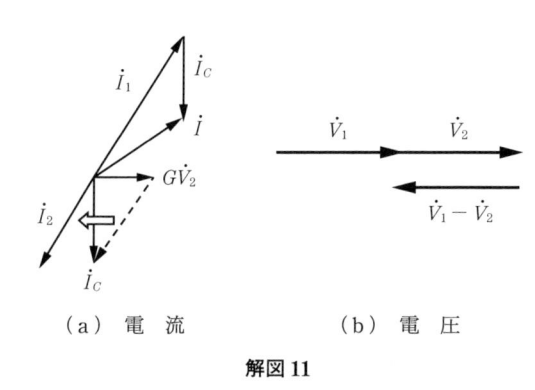

(a) 電 流    (b) 電 圧

**解図11**

(5) 磁束は共通。巻線の向きを設定すると，$V_1/n_1=V_2/n_2=V_3/n_3$, $n_1I_1+n_2I_2+n_3I_3=0$。変圧器に入る電力は $V_1I_1+V_2I_2+V_3I_3$。電圧の式を $k$ とおき，$V_1$, $V_2$, $V_3$ を電力の式に代入すれば 0 になる。

(6) $I_1=-I_4$, $I_2+2I_3=0$, $I_4-2I_2=0$。$V_3/2-2(V_4-V_1)=V_2$。四つの式になる。後は整理してほしい。

(7) 磁束を設定しコイルの巻き方向を合わせる。$\varPhi_a-\varPhi_b+\varPhi_c=0$。電流は $n_1I_1+n_2I_2+n_3I_3=0$, $n_3I_3+n_4I_4=0$。電圧は $V_1/n_1=V_2/n_2$, $V_1/n_1-V_3/n_3+V_4/n_4=0$。四つの式になる。

(8) どちらも $\dot{V}_2/\dot{V}_1=(Z_2-Z_1)/(Z_1+Z_2)$。

## 11 章

(1) $F$ 行列の式から $\dot{V}_1$, $\dot{V}_2$ を求める（$ad-bc=1$ を用いた）。
$$Z=\begin{bmatrix} a/c & 1/c \\ 1/c & d/c \end{bmatrix}$$

(2) 変圧器の電圧，電流を $V_3$, $V_4$ ; $I_3$, $I_4$ とすれば $V_3=V_4/2$, $I_3+2I_4=0$。また $V_1=V_3$, $I_1=V_1/2+I_3$, $V_2=V_4+8I_2$, $I_2=I_4$。以上から $V_1=2I_1+4I_2$, $V_2=4I_1+16I_2$ となり，$Z$ 行列が得られる。

(3) $Z$ 行列と $\dot{V}_2=-Z_2\dot{I}_2$ から，$Z_1=Z_{11}-Z_{12}Z_{21}/(Z_{22}+Z_2)$。

(4) $\dot{I}_2=-Z_{21}\dot{I}_1/(Z_{22}+Z_2)$。1 側に電流源 $\dot{I}_1$ を接続すると，2 側開放電圧は $Z_{21}\dot{I}_1$。1 側を開放し 2 側から見たインピーダンスは $Z_{22}$。2 側から見ると電圧源 $Z_{21}\dot{I}_1$ と $Z_{22}$ の電源回路になり，それに $Z_2$ を接続したことになる。

(5) 変圧器では $V_1$ と $V_2$, $I_1$ と $I_2$ が直接に関係づけられるから，それらの組は独立変数にできない。つまり $Y$ 行列, $Z$ 行列は作れない。$F$ 行列は作れる。

(6) 相互インダクタの式を $\dot{I}_1$, $\dot{I}_2$ について解くと，$Y$ 行列になる。

$$Y = \begin{bmatrix} L_2/\Delta & -M/\Delta \\ -M/\Delta & L_1/\Delta \end{bmatrix}, \quad \Delta = j\omega(L_1 L_2 - M^2)$$

密結合では $\Delta \to 0$ で $Y$ 行列が存在しない。$\dot{V}_1$ と $\dot{V}_2$ が独立でなくなる。

(7) どちらも $\dot{V}_1 = \dot{V}_2 + Z_a \dot{I}_1$, $\dot{I}_1 = \dot{I}_2 + Y_b \dot{V}_2$ で, $Z$ 行列は同じ。端子 1-2 間の抵抗を測れば二つは区別できるが，それは 4 端子網の条件に反している。

(8) $H$ 行列の式で 2 通りの場合を計算すれば, 相反性は $H_{12} = -H_{21}$（$Y$ 行列や $Z$ 行列と比較せよ）。

## 12 章

(1) 回路は左右対称。対称分では $R_4$, $R_5$ に電流が流れない。反対称分では, $R_4$, $R_5$ の電圧は 2 倍で抵抗が半分と同じ。等価回路は**解図 12**。

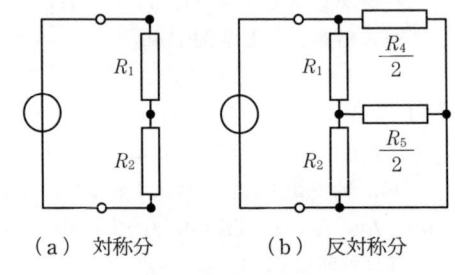

(2) 零相電流が流れず，中央接続点の電位は 0 でなく，零相電流が流れない電位（$\dot{V}_a + \dot{V}_b + \dot{V}_c)/3$ になる。

**解図 12**

(3) 式 (12.10) から，各相分はすべて $\dot{V}_a/3$ になる。図 12.6 の等価回路によってそれぞれの電流を求めればよい。

(4) 零相電流 $\dot{I}_0$ に対して $\dot{V}_0 = j\omega L \dot{I}_0 + j\omega M \dot{I}_0 \times 2$。正相分・逆相分に対して $\dot{V}_1 = j\omega L \dot{I}_1 + j\omega M a^2 \dot{I}_1 + j\omega M a \dot{I}_1 = j\omega(L-M)\dot{I}_1$。等価回路は**解図 13**。

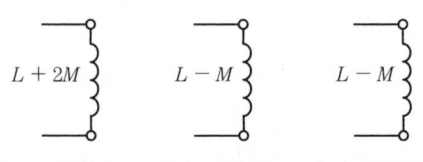

**解図 13**

(5) 端子電位を与えたとし，回路 1 で中央接続点の電位を求め，端子電流を求めると，回路 2 の式になる。結果は $G_{ab} = G_a G_b / (G_a + G_b + G_c)$。ほかも同様。

(6) インダクタンス $j\omega L$ で基準抵抗を $R$ とすると，$|S| = 1$。入射波がエネルギーを負荷に与えず，同じ振幅の反射波が戻ることを意味する。

(7) 電圧，電流の関係は，$\dot{V}_1 = \dot{V}_2 - j\dot{I}_1$, $\dot{I}_1 = -\dot{I}_2 + \dot{V}_2/2j$。これに $\dot{A}_1 \sim \dot{B}_2$ による表現を代入し，$\dot{B}_1$, $\dot{B}_2$ について解くと $S$ 行列が得られる。

$$S = \begin{bmatrix} 0 & 1 \\ 1 & 0 \end{bmatrix}$$

(8) 1側に電圧源と1Ω, 2側に2Ωを接続する。2側で反射がなく(4端子網としては $\dot{A}_2=0$), $\dot{V}_2=\dot{B}_2$。S行列から $\dot{B}_1=0$, $\dot{V}_1=\dot{A}_1$。電源回路から有能電力が入り, $\dot{B}_2$ が2側の電圧になる。$\dot{V}_2/\dot{V}_1=2j/(1+j)$。電源と負荷を左右で取り替えても同じ解釈になる。

## 13 章

(1) $\dot{V}_2/\dot{V}_1=j\omega/(1+j2\omega)$, $t=0$ でキャパシタ電圧は0, $V_2=1/2$。$V_2$ の最終値は 0。$V_2=(1/2)e^{-t/2}$。

(2) 二つの直列回路が独立に電圧源に接続され, キャパシタ1個の場合と同じ。$\dot{V}_2/\dot{V}_1=(1-j\omega T)/(1+j\omega T)$, $T=RC$。ステップ波形に対する出力は二つの直列回路の差で $V_2=1-2e^{-\alpha t}$, $\alpha=1/RC$。

(3) $1+4/(1+j\omega T)$, $T=3$ s。解図 14 になる。実部変化の中点と虚部の絶対値最大の周波数 $f_0$ は $1/(2\pi\times 3)\fallingdotseq 0.053$ Hz。

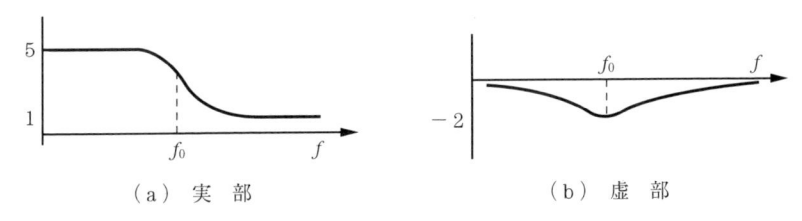

解図 14

(4) 固有振動の方程式は $Rp^2+4p+R=0$。判別式は $16-4R^2$。$R<2$ なら指数的, $R=2$ なら臨界的, $R>2$ なら振動的。

(5) (i) $Q=\omega_0 C/G$ より $G=6.28$ μS。共振時インピーダンスは抵抗だけで 159 kΩ。

(ii) $Q=\omega_0 C/G$ と $\omega_0=1/\sqrt{LC}$ から, 共振時インピーダンスは $1/G=Q\sqrt{L/C}$。$Q=25$。

(6) 共振条件の下で, 電圧比(の絶対値)を計算すると $Q$ になる。

(7) 固有振動はほぼ $\omega_0$ の正弦波で, 振幅が $e^{-\alpha t}$ で減衰する($\alpha=R/2L$)。$Q$ 個の山は時間 $QT$ ($T$ は周期), 減衰は $e^{-\alpha QT}$。$e^{-\alpha QT}$ を計算すると 0.043。$Q$ 番目の山は, 最初の山の 4.3 %(眼で観察できる限度)。つまり眼で見える範囲の山を数えれば, ごくだいたいの $Q$ 値になる。

(8) 少し電力を取り出しても共振回路のエネルギー $W$ は変化しないとする。回路固有の損失を $P$ とすると, 式 (13.43) から $100=\omega_0 W/P$, $80=\omega_0 W/(P+1)$。これより $\omega_0 W=400$ W, $P=4$ W。2 W を取り出すと, $Q$ は $400/6\fallingdotseq 67$。

# 索　　　引

## 【あ】
アドミタンス　114
アナロジー　3
暗　箱　143
アンペア　3

## 【い】
位　相　99
1次回路　169
一般解　76
インダクタ　72
インダクタンス　73
インピーダンス　114

## 【え】
$H$ 行列　150
$S$ 行列　165
枝　39
エネルギー　4, 89, 138, 185
エネルギー保存則　24
$F$ 行列　147
$F'$ 行列　150
$LRC$ 直列回路　176
円運動　99

## 【お】
オイラーの式　104
オーム　5
　——の法則　6, 17

## 【か】
解の存在　48
開　放　33
回路図　16

角周波数　99
重ね合わせ　57
過渡現象　68
過渡項　85
乾電池　47

## 【き】
木　52
基準定数　163
基準点　43
起磁力　133
逆　相　157
逆相分　158
キャパシタ　70
キャパシタンス　71
$Q$　181
共振現象　178
共通帰線　159
共役整合　124
共役複素数　101
橋絡T形　151
行　列　145
極座標表示　105
虚　部　101
キルヒホッフの電圧則　21
キルヒホッフの電流則　19

## 【く】
グラフ　39
黒　丸　129
クーロン　3

## 【け】
結合係数　130

## 【こ】
コイル　72, 127
交　流　98
固有振動　80, 139
コンダクタンス　5, 115

## 【さ】
最小原理　65
サグ　175
サセプタンス　115
三角関数　110
3相交流　157
3端子網　159

## 【し】
$G$ 行列　150
磁気回路　132
磁気抵抗　133
仕　事　4
指数関数　104
指数的　176
磁　束　127
4端子網　143
　——の条件　143
実効値　119
実　部　101
時定数　87, 169
ジーメンス　5
周　期　99
周波数　99
周波数特性　169
ジュール　9
上限周波数　174
状態方程式　94
初期位相　100

索　　　　引　　199

| | | | | | | |
|---|---|---|---|---|---|---|
| 初期条件 | 85 | 直　列 | 153 | 反対称分 | 155 |
| 磁力線 | 72, 127 | 直列接続 | 28 | 【ひ】 | |
| 振動的 | 177 | 直交座標表示 | 105 | | |
| 振　幅 | 99 | | | 皮相電力 | 119 |
| 【す】 | | 【て】 | | 微分方程式 | 75 |
| | | T 形 | 146 | 【ふ】 | |
| スイッチ | 92 | 抵　抗 | 5 | | |
| ステップ波形 | 174 | 定常項 | 85 | ファラド | 71 |
| 鋭　さ | 181 | 定常状態 | 68 | 複素数 | 100 |
| 【せ】 | | 電　圧 | 2 | 複素数表示 | 107 |
| | | ——の配分 | 29 | 複素数平面 | 100 |
| 正弦波 | 99 | 電圧源 | 11 | 複素数ベクトル | 101 |
| 正弦波交流回路 | 112 | 電　位 | 2 | 複素電力 | 121 |
| 整　合 | 26 | 電位差 | 3 | ——の保存則 | 121 |
| 正　相 | 157 | 電　荷 | 3 | 不　定 | 49 |
| 正相分 | 158 | 電気抵抗 | 5 | 不定 $Y$ 行列 | 159 |
| 接　続 | 16 | 電　源 | 11 | 不　能 | 49 |
| 絶対値 | 101 | ——の描き換え | 47 | ブラックボックス | 143 |
| 接地記号 | 43 | 伝達関数 | 169 | ブリッジ | 35 |
| 節　点 | 39 | 伝達関数ベクトル | 171 | 不連続な変化 | 91 |
| 節点方程式 | 44 | 電　流 | 3 | 【へ】 | |
| 接頭語 | 12 | ——の配分 | 31 | | |
| $Z$ 行列 | 146 | 電流源 | 11 | 平均電力 | 121 |
| 線形性 | 57 | 電　力 | | 並　列 | 153 |
| 線形定数係数 | 75 | | 9, 23, 118, 120, 163 | 並列共振回路 | 183 |
| 【そ】 | | 【と】 | | 並列接続 | 28 |
| | | | | 閉　路 | 39 |
| 相互インダクタ | 129 | 等価回路 | 156 | 閉路電流 | 41 |
| 双対性 | 31, 74 | 導　線 | 16 | 閉路方程式 | 42 |
| 相反性 | 64, 148 | 特異解 | 76 | ベクトル軌跡 | 171 |
| 【た】 | | 特　解 | 76 | ベクトル図 | 117 |
| | | ドーナッツ形 | 84, 133 | 偏　角 | 101 |
| 帯域幅 | 182 | 【に】 | | 変成器 | 134 |
| 対称行列 | 149 | | | ヘンリー | 73 |
| 対称座標法 | 159 | 2 次回路 | 176 | 【ほ】 | |
| 対称性 | 35 | 入射波 | 162 | | |
| 対称分 | 155 | 任意定数 | 76 | 鳳-テブナンの定理 | 61 |
| 立上り時間 | 174 | 【は】 | | 補　木 | 52 |
| 短　絡 | 33 | | | ボルト | 3 |
| 【ち】 | | 波　動 | 161 | 【ま】 | |
| | | バランス | 35 | | |
| 地形図 | 117 | 反　射 | 161 | $-3\,\mathrm{dB}$ 点 | 182 |
| 中心周波数 | 181 | 反射係数 | 163 | | |
| 直　流 | 12 | 反射波 | 162 | | |

## 【み】

| | |
|---|---|
| 右ネジの法則 | 129 |
| 未知数の取り方 | 50 |
| 密結合 | 130 |

## 【む】

| | |
|---|---|
| 無効電力 | 121 |

## 【も】

| | |
|---|---|
| モデル | 13 |

## 【ゆ】

| | |
|---|---|
| 有効数字 | 12 |
| 有効電力 | 121 |
| 有能電力 | 26, 124, 164 |

## 【り】

| | |
|---|---|
| リアクタンス | 115 |
| 力率 | 120 |
| 理想化 | 13 |
| 理想変圧器 | 134 |

## 【れ】

| | |
|---|---|
| 履歴 | 69 |
| 臨界的 | 177 |
| 零相分 | 158 |

## 【わ】

| | |
|---|---|
| $Y$ 行列 | 146 |
| ワット | 9 |

―― 著者略歴 ――

1956年　東京大学工学部電気工学科卒業
1962年　工学博士（東京大学）
1963年　東京大学工学部助教授
1974年　東京大学医学部教授
1994年　東京電機大学工学部教授
1994年　東京大学名誉教授
2004年　東京電機大学名誉教授
2016年　逝　去

医用生体工学，回路システム論の研究教育，医療の安全性，電磁界と生体，医療技術の国際協力，人間機械学などの研究に努めた．多数の境界領域学会の会長等役員を務めた．国際医用生体工学会等の名誉会員．学協会等の表彰も多い．
著書「制御と学習の人間科学」（コロナ社），「ハイテク・ITで変わる人間社会―人間と機械の異文化交流―」（コロナ社），「電気回路・システム特論」（コロナ社），「ITで人はどうなる」（東京電機大学出版局）など．

# 電気回路・システム入門
Introduction to Electric Circuits and Systems　　　　　© Masao Saito 2006

2006年10月13日　初版第1刷発行
2020年8月25日　初版第12刷発行

| 検印省略 | 著　者 | 斎　藤　正　男 |
|---|---|---|
| | 発行者 | 株式会社　コロナ社 |
| | | 代表者　牛来真也 |
| | 印刷所 | 新日本印刷株式会社 |
| | 製本所 | 有限会社　愛千製本所 |

112-0011　東京都文京区千石4-46-10
発行所　株式会社　コロナ社
CORONA PUBLISHING CO., LTD.
Tokyo Japan
振替 00140-8-14844・電話(03)3941-3131(代)
ホームページ　https://www.coronasha.co.jp

ISBN 978-4-339-00784-8　C3054　Printed in Japan　　　　　（高橋）

<JCOPY> <出版者著作権管理機構 委託出版物>
本書の無断複製は著作権法上での例外を除き禁じられています．複製される場合は，そのつど事前に，出版者著作権管理機構（電話 03-5244-5088，FAX 03-5244-5089，e-mail: info@jcopy.or.jp）の許諾を得てください．

本書のコピー，スキャン，デジタル化等の無断複製・転載は著作権法上での例外を除き禁じられています．購入者以外の第三者による本書の電子データ化及び電子書籍化は，いかなる場合も認めていません．
落丁・乱丁はお取替えいたします．

# 大学講義シリーズ

(各巻A5判, 欠番は品切です)

| 配本順 | | | 頁 | 本体 |
|---|---|---|---|---|
| (2回) | 通信網・交換工学 | 雁部頴一著 | 274 | 3000円 |
| (3回) | 伝送回路 | 古賀利郎著 | 216 | 2500円 |
| (4回) | 基礎システム理論 | 古田・佐野共著 | 206 | 2500円 |
| (7回) | 音響振動工学 | 西山静男他著 | 270 | 2600円 |
| (10回) | 基礎電子物性工学 | 川辺和夫他著 | 264 | 2500円 |
| (11回) | 電磁気学 | 岡本允夫著 | 384 | 3800円 |
| (12回) | 高電圧工学 | 升谷・中田共著 | 192 | 2200円 |
| (14回) | 電波伝送工学 | 安達・米山共著 | 304 | 3200円 |
| (15回) | 数値解析(1) | 有本卓著 | 234 | 2800円 |
| (16回) | 電子工学概論 | 奥田孝美著 | 224 | 2700円 |
| (17回) | 基礎電気回路(1) | 羽鳥孝三著 | 216 | 2500円 |
| (18回) | 電力伝送工学 | 木下仁志他著 | 318 | 3400円 |
| (19回) | 基礎電気回路(2) | 羽鳥孝三他著 | 292 | 3000円 |
| (20回) | 基礎電子回路 | 原田耕介著 | 260 | 2700円 |
| (22回) | 原子工学概論 | 都甲・岡共著 | 168 | 2200円 |
| (23回) | 基礎ディジタル制御 | 美多勉他著 | 216 | 2400円 |
| (24回) | 新電磁気計測 | 大照完他著 | 210 | 2500円 |
| (26回) | 電子デバイス工学 | 藤井忠邦著 | 274 | 3200円 |
| (28回) | 半導体デバイス工学 | 石原宏著 | 264 | 2800円 |
| (29回) | 量子力学概論 | 権藤靖夫著 | 164 | 2000円 |
| (30回) | 光・量子エレクトロニクス | 藤岡・小原 齊藤 共著 | 180 | 2200円 |
| (31回) | ディジタル回路 | 高橋寛他著 | 178 | 2300円 |
| (32回) | 改訂回路理論(1) | 石井順也著 | 200 | 2500円 |
| (33回) | 改訂回路理論(2) | 石井順也著 | 210 | 2700円 |
| (34回) | 制御工学 | 森泰親著 | 234 | 2800円 |
| (35回) | 新版 集積回路工学(1) ―プロセス・デバイス技術編― | 永田・柳井共著 | 270 | 3200円 |
| (36回) | 新版 集積回路工学(2) ―回路技術編― | 永田・柳井共著 | 300 | 3500円 |

以下続刊

| | | | | |
|---|---|---|---|---|
| 電気機器学 | 中西・正田・村上共著 | 電気・電子材料 | 水谷照吉他著 |
| 半導体物性工学 | 長谷川英機他著 | 情報システム理論 | 長谷川・高橋・笠原共著 |
| 数値解析(2) | 有本卓著 | 現代システム理論 | 神山真一著 |

定価は本体価格+税です。
定価は変更されることがありますのでご了承下さい。

図書目録進呈◆

# 電気・電子系教科書シリーズ

(各巻A5判)

- ■編集委員長　高橋　寛
- ■幹　事　湯田幸八
- ■編集委員　江間　敏・竹下鉄夫・多田泰芳
  中澤達夫・西山明彦

| 配本順 | | | 著者 | 頁 | 本体 |
|---|---|---|---|---|---|
| 1. | (16回) | 電　気　基　礎 | 柴田尚志・皆藤新一 共著 | 252 | 3000円 |
| 2. | (14回) | 電　磁　気　学 | 多田泰芳・柴田尚志 共著 | 304 | 3600円 |
| 3. | (21回) | 電　気　回　路 Ⅰ | 柴田尚志 著 | 248 | 3000円 |
| 4. | (3回) | 電　気　回　路 Ⅱ | 遠藤　勲・鈴木靖雄 編著 | 208 | 2600円 |
| 5. | (29回) | 電気・電子計測工学(改訂版)<br>─新SI対応─ | 吉澤昌純・降矢典雄・福田　恵・高村拓也・西山明彦・下山和鎮 共著 | 222 | 2800円 |
| 6. | (8回) | 制　御　工　学 | 奥平鎮正・青木立幸 共著 | 216 | 2600円 |
| 7. | (18回) | ディジタル制御 | 西堀俊郎 共著 | 202 | 2500円 |
| 8. | (25回) | ロ ボ ッ ト 工 学 | 白水俊次 著 | 240 | 3000円 |
| 9. | (1回) | 電 子 工 学 基 礎 | 中澤達夫・藤原勝幸 共著 | 174 | 2200円 |
| 10. | (6回) | 半　導　体　工　学 | 渡辺英夫 著 | 160 | 2000円 |
| 11. | (15回) | 電気・電子材料 | 中澤・押田・森田・服部 共著 | 208 | 2500円 |
| 12. | (13回) | 電　子　回　路 | 須田健二 共著 | 238 | 2800円 |
| 13. | (2回) | ディジタル回路 | 伊原充博・若海弘夫・吉室　賀進 共著 | 240 | 2800円 |
| 14. | (11回) | 情報リテラシー入門 | 山下　巌 共著 | 176 | 2200円 |
| 15. | (19回) | C＋＋プログラミング入門 | 湯田幸八 著 | 256 | 2800円 |
| 16. | (22回) | マイクロコンピュータ制御<br>プログラミング入門 | 柚賀正光・千代谷慶 共著 | 244 | 3000円 |
| 17. | (17回) | 計算機システム(改訂版) | 春日健・舘泉雄治 共著 | 240 | 2800円 |
| 18. | (10回) | アルゴリズムとデータ構造 | 湯田幸八・伊原充博 共著 | 252 | 3000円 |
| 19. | (7回) | 電 気 機 器 工 学 | 前田勉・新谷邦弘 共著 | 222 | 2700円 |
| 20. | (9回) | パワーエレクトロニクス | 江間　敏・高橋勲 共著 | 202 | 2500円 |
| 21. | (28回) | 電 力 工 学(改訂版) | 江間　敏・甲斐隆章 共著 | 296 | 3000円 |
| 22. | (5回) | 情　報　理　論 | 三木成彦・吉川英機 共著 | 216 | 2600円 |
| 23. | (26回) | 通　信　工　学 | 竹下鉄夫・吉川英夫 共著 | 198 | 2500円 |
| 24. | (24回) | 電　波　工　学 | 松田豊稔・宮田克正・南部幸久 共著 | 238 | 2800円 |
| 25. | (23回) | 情報通信システム(改訂版) | 岡田裕・桑原　正・植松友史 共著 | 206 | 2500円 |
| 26. | (20回) | 高 電 圧 工 学 | 植月唯夫・松原孝史・箕田充志 共著 | 216 | 2800円 |

定価は本体価格＋税です。
定価は変更されることがありますのでご了承下さい。

図書目録進呈◆

# 電子情報通信レクチャーシリーズ

(各巻B5判,欠番は品切または未発行です)

■電子情報通信学会編

| | 配本順 | 共通 | | 頁 | 本体 |
|---|---|---|---|---|---|
| A-1 | (第30回) | 電子情報通信と産業 | 西村吉雄著 | 272 | 4700円 |
| A-2 | (第14回) | 電子情報通信技術史<br>―おもに日本を中心としたマイルストーン― | 「技術と歴史」研究会編 | 276 | 4700円 |
| A-3 | (第26回) | 情報社会・セキュリティ・倫理 | 辻井重男著 | 172 | 3000円 |
| A-5 | (第6回) | 情報リテラシーとプレゼンテーション | 青木由直著 | 216 | 3400円 |
| A-6 | (第29回) | コンピュータの基礎 | 村岡洋一著 | 160 | 2800円 |
| A-7 | (第19回) | 情報通信ネットワーク | 水澤純一著 | 192 | 3000円 |
| A-9 | (第38回) | 電子物性とデバイス | 益川一哉<br>天川修平共著 | 近刊 | |

| | 配本順 | 基礎 | | 頁 | 本体 |
|---|---|---|---|---|---|
| B-5 | (第33回) | 論理回路 | 安浦寛人著 | 140 | 2400円 |
| B-6 | (第9回) | オートマトン・言語と計算理論 | 岩間一雄著 | 186 | 3000円 |
| B-7 | | コンピュータプログラミング | 富樫敦著 | | |
| B-8 | (第35回) | データ構造とアルゴリズム | 岩沼宏治他著 | 208 | 3300円 |
| B-9 | (第36回) | ネットワーク工学 | 田中村野裕敬介<br>仙石正和共著 | 156 | 2700円 |
| B-10 | (第1回) | 電磁気学 | 後藤尚久著 | 186 | 2900円 |
| B-11 | (第20回) | 基礎電子物性工学<br>―量子力学の基本と応用― | 阿部正紀著 | 154 | 2700円 |
| B-12 | (第4回) | 波動解析基礎 | 小柴正則著 | 162 | 2600円 |
| B-13 | (第2回) | 電磁気計測 | 岩﨑俊著 | 182 | 2900円 |

| | 配本順 | 基盤 | | 頁 | 本体 |
|---|---|---|---|---|---|
| C-1 | (第13回) | 情報・符号・暗号の理論 | 今井秀樹著 | 220 | 3500円 |
| C-3 | (第25回) | 電子回路 | 関根慶太郎著 | 190 | 3300円 |
| C-4 | (第21回) | 数理計画法 | 山下信雄<br>福島雅夫共著 | 192 | 3000円 |

| 配本順 | | | | 頁 | 本体 |
|---|---|---|---|---|---|
| C-6 | (第17回) | インターネット工学 | 後藤 滋樹／外山 勝保 共著 | 162 | 2800円 |
| C-7 | (第3回) | 画像・メディア工学 | 吹抜 敬彦 著 | 182 | 2900円 |
| C-8 | (第32回) | 音声・言語処理 | 広瀬 啓吉 著 | 140 | 2400円 |
| C-9 | (第11回) | コンピュータアーキテクチャ | 坂井 修一 著 | 158 | 2700円 |
| C-13 | (第31回) | 集積回路設計 | 浅田 邦博 著 | 208 | 3600円 |
| C-14 | (第27回) | 電子デバイス | 和保 孝夫 著 | 198 | 3200円 |
| C-15 | (第8回) | 光・電磁波工学 | 鹿子嶋 憲一 著 | 200 | 3300円 |
| C-16 | (第28回) | 電子物性工学 | 奥村 次徳 著 | 160 | 2800円 |

## 展開

| | | | | 頁 | 本体 |
|---|---|---|---|---|---|
| D-3 | (第22回) | 非線形理論 | 香田 徹 著 | 208 | 3600円 |
| D-5 | (第23回) | モバイルコミュニケーション | 中川 正雄／大槻 知明 共著 | 176 | 3000円 |
| D-8 | (第12回) | 現代暗号の基礎数理 | 黒澤 馨／尾形 わかは 共著 | 198 | 3100円 |
| D-11 | (第18回) | 結像光学の基礎 | 本田 捷夫 著 | 174 | 3000円 |
| D-14 | (第5回) | 並列分散処理 | 谷口 秀夫 著 | 148 | 2300円 |
| D-15 | (第37回) | 電波システム工学 | 唐沢 好男／藤井 威生 共著 | 近刊 | |
| D-16 | | 電磁環境工学 | 徳田 正満 著 | | |
| D-17 | (第16回) | VLSI工学 ─基礎・設計編─ | 岩田 穆 著 | 182 | 3100円 |
| D-18 | (第10回) | 超高速エレクトロニクス | 中村 徹／三島 友義 共著 | 158 | 2600円 |
| D-23 | (第24回) | バイオ情報学 ─パーソナルゲノム解析から生体シミュレーションまで─ | 小長谷 明彦 著 | 172 | 3000円 |
| D-24 | (第7回) | 脳工学 | 武田 常広 著 | 240 | 3800円 |
| D-25 | (第34回) | 福祉工学の基礎 | 伊福部 達 著 | 236 | 4100円 |
| D-27 | (第15回) | VLSI工学 ─製造プロセス編─ | 角南 英夫 著 | 204 | 3300円 |

定価は本体価格+税です。
定価は変更されることがありますのでご了承下さい。

図書目録進呈◆

# 電子・通信・情報の基礎コース

(各巻A5判)

コロナ社創立80周年記念出版
〔創立1927年〕

■編集・企画世話人　大石進一

| | | | 頁 | 本体 |
|---|---|---|---|---|
| 1. | 数　値　解　析 | 大石進一著 | | |
| 2. | 基礎としての回路 | 西　哲生著 | 256 | 3400円 |
| 3. | 情　報　理　論 | 松嶋敏泰著 | | |
| 4. | 信号と処理（上） | 石井六哉著 | 192 | 2400円 |
| 5. | 信号と処理（下） | 石井六哉著 | 200 | 2500円 |
| 6. | 情報通信の基礎 | 中川正雄・大槻知明共著 | | |
| 7. | 電子・通信・情報のための<br>量　子　力　学 | 堀裕和著 | 254 | 3200円 |

# 専修学校教科書シリーズ

(各巻A5判，欠番は品切です)

編集委員会編
——全国工業専門学校協会推薦——

| 配本順 | | | 頁 | 本体 |
|---|---|---|---|---|
| 1.(3回) | 電　気　回　路（1）<br>——直流・交流回路編—— | 早川・松下・茂木共著 | 252 | 2300円 |
| 2.(6回) | 電　気　回　路（2）<br>——回路網・過渡現象編—— | 阿部・柏谷・亀田・中場共著 | 242 | 2400円 |
| 3.(2回) | 電　子　回　路（1）<br>——アナログ編—— | 赤羽・岩崎・川戸・牧共著 | 248 | 2400円 |
| 4.(8回) | 電　子　回　路（2）<br>——ディジタル編—— | 中村次男著 | 248 | 2500円 |
| 5.(5回) | 電　磁　気　学 | 折笠・鈴木・中場・宮腰・森崎共著 | 224 | 2400円 |
| 6.(1回) | 電　子　計　測 | 浅野・岡本・久米川・山下共著 | 248 | 2500円 |
| 7.(7回) | 電子・電気材料 | 香田・津田・中場・松下共著 | 236 | 2400円 |
| 8.(4回) | 自　動　制　御 | 牛渡・田中・早川・板東・細田共著 | 228 | 2200円 |

定価は本体価格＋税です。
定価は変更されることがありますのでご了承下さい。

図書目録進呈◆